LES ANIMAUX
ET LA VILLE

NATHALIE BLANC

LES ANIMAUX ET LA VILLE

Introduction

PANORAMA

Comment se définit le rapport citadin/animal, aujour-d'hui ? Pour le comprendre, il faut s'intéresser aux animaux désirés et aux autres, à leurs relations à l'idée de nature et de ville. D'autant plus que l'animal non désiré ne fait pas partie de l'ordre urbain, d'où sa richesse pour l'observation de la vie urbaine. Et que peu de travaux ont abordé les modes d'habiter[1] urbains à partir du lien au vivant, à la nature, ce qui valorise des aspects inexplorés de la ville.

Pour cette étude, nous avons retenu certains animaux : du côté des familiers, le chien et le chat en particulier ; du côté des animaux non désirés, aussi bien le mammifère

---

1. La notion de mode d'habiter, peu utilisée par les géographes (Sivignon, 1993) renvoie à celle de genre de vie (Sorre, 1952). Le genre de vie, complexe d'habitudes, forme active d'adaptation du groupe humain au milieu géographique, dont l'habitat est l'expression dernière et l'instrument de sa stabilisation, s'exprime de manière concrète dans les paysages humains. Les « traits physionomiques » de la ville sont l'expression concrète et durable du genre de vie urbain, dominé par l'activité de circulation, et opposé au genre de vie rural. Voir également les travaux de sociologues : le GDR socio-économie de l'habitat met en avant les recherches d'Yvonne Bernard (1992). L'auteur montre que les pratiques domestiques constituent un champ structuré au sein duquel les oppositions et les proximités caractérisent différents modes d'habiter.

parfois désiré, avec le chat errant ou le rat, que l'oiseau avec le pigeon, ou l'insecte avec la blatte. Pour chaque aspect de la relation citadin/animal, la coupure entre animal désiré et non désiré est primordiale.

Il y a peu d'informations concernant les animaux non désirés dans la ville. L'évaluation de leur nombre montre l'importance de la présence animale et des coûts de sa gestion. Les pigeons sont évalués au nombre de plusieurs dizaines de milliers de couples à Paris. Les effectifs de moineaux y dépasseraient les 10 000 ou 20 000 couples. Toujours plus nombreux, d'autres oiseaux, tels l'étourneau, le goéland, la mouette rieuse, la corneille, la pie se rapprochent de l'homme. On ne connaît pas le nombre de blattes, ni des autres insectes vu les difficultés de leur appréciation. Les chiffres les plus fantaisistes sont avancés pour les rats et autres rongeurs, ainsi que pour les chats qui ne font partie d'aucun foyer.

Nous n'avons pas pris en compte, ou pour mémoire seulement, la relation à d'autres petits mammifères ou batraciens étant donné que les citadins ne les évoquent même pas. Pourtant, leur présence, comme celle des autres animaux mentionnés, montre que le milieu urbain est capable d'accueillir de nombreuses espèces à partir du moment où les sites d'alimentation, de repos ou de reproduction sont disponibles.

On les trouve sur les bordures de périphériques, sur les rails de métro et de chemin de fer, et même pour la blatte, dans les moteurs des appareils ménagers, ou comme les poux dans les têtes des enfants. Les oiseaux, par exemple, se distribuent en fonction des potentialités offertes : les parcs et les jardins seront investis par les espèces à tendance forestière ou bocagère, les grandes surfaces des gazons accueilleront les espèces d'espace ouvert habituées à exploiter le milieu prairial. Les études d'écologie réalisées sur certaines de ces espèces confirment que la ville comprend une multitude de milieux, c'est-à-dire de lieux dont on prend en compte la dimension biophysique. Ces milieux sont autant d'opportunités écologiques pour différentes espèces animales.

On dispose, au contraire, de très nombreuses informations concernant l'animal familier. Si nombre d'animaux ont fait partie de cette catégorie des animaux familiers, aujourd'hui, ce sont le chien et le chat qui sont cités comme le couple fondateur du *petishism* (Szasz, 1968). Il y aurait plus de 45 millions d'animaux de compagnie dans 51,9 % des familles françaises rurales et citadines, dont 7,9 millions de chiens (et près de 500 000 rien qu'à Paris) et 8,4 millions de chats (et près de 800 000 à Paris). Chats et chiens sont répartis dans 44,8 % des foyers (Facco/Sofres, 1998). L'animal se trouve essentiellement dans les foyers de trois personnes et plus (pour 56 % des chiens et 49 % des chats). Ces chiffres placent la France au rang de deuxième possesseur mondial d'animaux de compagnie derrière les États-Unis et montrent l'ampleur du phénomène.

La possession des chiens et chats est suivie en France par celle des poissons (23 millions), des oiseaux (6 millions), des rongeurs (cochons d'Inde, hamsters, souris) et des lapins nains (au total de 1,7 million). De nouvelles espèces encore rares en France – tortues, lézards, serpents, crocodiles, insectes, mygales, scorpions, rats, furets, cochons nains – prennent progressivement place comme nouveaux animaux de compagnie.

La possession d'un animal familier n'est pas particulièrement un fait urbain. Le taux de possession décroît quand on passe de la campagne à la ville et des petites agglomérations aux grandes agglomérations : 63 % des chiens et 55 % des chats vivent dans des agglomérations de moins de 20 000 habitants et 40 % d'entre eux, en milieu rural. Mais l'animal familier prend une grande place dans la vie des villes et sa présence est devenue importante pour les citadins, la seule possible et même désirée.

En dépit de la richesse de la relation du citadin à l'animal, de son importance dans la vie urbaine contemporaine et du renouvellement des sensibilités envers les ani-maux[2], peu de travaux en sciences sociales portent sur la dimension concrète et symbolique de cette relation.

Certes, des sociologues, des anthropologues se sont intéressés à la relation à l'animal y compris dans les villes. Mais ces chercheurs, pour l'essentiel, critiquent la place que prend l'animal de compagnie auprès des citadins. L'animal serait un objet de substitution (Yonnet, 1990), un bien d'équipement (Herpin, Verger, 1992). Il traduirait une incapacité à aimer son semblable et donc à vivre en bonne société urbaine, symptomatique de la solitude comme mode de vie urbain. Car aimer l'animal, l'avoir comme compagnie, c'est se prêter à un comportement qui vous identifie à lui, vous invite à rejeter l'homme comme étant contre la bête (J.-P. Digard, 1990). Au mieux, il aiderait l'adulte handicapé ou la personne âgée à pallier leurs diffi-cultés ou faciliterait à l'enfant l'apprentissage de la vie.

Ces travaux éludent le fait que l'étude des rapports citadin/animal puisse éclairer les bouleversements actuels que connaissent les rapports au corps, au vivant, à la nature. La transformation des modes d'habiter, ce siècle dernier, et les progrès techniques au sujet du vivant jouent dans cette évolution. Ils sont liés à l'extension de l'urbanisa-tion, et son corollaire, le développement des problèmes d'environnement.

La ville moderne n'a plus rien à voir avec celle de la Renaissance ou de l'époque classique. Le changement d'échelle exprime l'émergence de la civilisation urbaine[3].

---

2. Le développement de la question du bien-être animal, du droit des animaux (déclaration universelle des droits des animaux, 1978) en est un signe. Voir Ramdane Babadji, « L'animal et le droit : à propos de la décla-ration universelle des droits de l'animal », *Rev. jur. env.*, janv. 1999.

3. Thierry Paquot écrit : « Avec l'urbanisation du monde, c'est tout le rapport à la nature qui se trouve modifié. L'environnement lui aussi est urbanisé. Il n'est plus possible de penser l'écologie en ignorant ce fait majeur de cette fin de siècle et de millénaire : la nature est dominée par l'urbain. » (*Villes et civilisations urbaines*, *XVIIIe-XXe siècle*, Paris, Larousse, Textes essentiels, 1992, p.16.)

Déjà, vingt agglomérations dépassent les dix millions d'habitants. À l'échelle mondiale, les villes constituent les lieux de vie d'un habitant sur deux et sont associées à l'idée de modernité, d'avenir. De plus, on constate une diffusion du mode de vie urbain qui le généralise. Pourtant, on ne vit pas de la même façon en ville qu'à la campagne, même s'il y a des similitudes entre modes de vie urbains et ruraux et si l'évolution des techniques, de communication principalement, tend à accroître les relations entre milieux.

Le monde de la ville est donc devenu difficile à cerner. La métropole ou « métapole » (Ascher) ne rappelle en rien l'idée qu'on garde de la cité. Même les chercheurs et les acteurs professionnels de la ville reconnaissent qu'ils échouent à accompagner l'évolution des modes d'habiter [4]. Alors, il importe de saisir le sens des milieux urbains, d'identifier leurs qualités en fonction de la recomposition des territoires vécus, et de connaître les territoires où se composent de nouvelles solidarités, et les espaces, enjeux des conflits.

L'étude de la place de l'animal en ville peut ouvrir un nouveau chapitre des études urbaines ; permettre de comprendre les modes d'appropriation des territoires de la ville, les modes d'habiter. Pour cette raison, nous avons privilégié l'étude des représentations communes. Par ce terme, nous ne désignons pas un niveau de discours qui serait en deçà

---

4. Nos recherches antérieures sur les rapports citadins/ville/nature ont, parallèlement et en convergence avec les recherches urbaines récentes (Dubois-Taine, Chalas, 1997 ; Blanquart, 1997), mis l'accent sur la crise des représentations de la ville et sur celle du mode d'habiter urbain. Crise, également, de la pratique de la ville liée à une mobilité nécessaire et croissante, au décalage important entre les catégories sociales captives de leur habitat, d'une ville de « proximité », et celles pour qui les déplacements vers des lieux de plus en plus lointains font désormais partie du mode de vie. Crise qui favorise une perception de la ville comme matérialité éclatée et négligeable dans les activités urbaines. Ce constat est notamment fait par les acteurs professionnels de l'urbain qui s'accordent aujourd'hui (Plan urbain, PCA...) sur l'échec des politiques urbaines menées depuis vingt ans pour produire la ville de demain, répondre au mode de vie des citadins en évolution constante.

des faits. Plutôt, ce sont les faits représentés ; représentations de l'animal différentes des constructions scientifiques [5].

Aujourd'hui, on s'intéresse aux pratiques citadines afin d'optimiser le fonctionnement de la ville : mobilité, transport... On étudie le rapport des consommateurs au marché urbain. Par contre, on sait peu de chose des rapports des citadins à leur milieu de vie : ils font appel à l'imagination, au symbolique, au concret, au social et à l'économique [6]... Pourtant, c'est une dimension essentielle des problèmes d'environnement, contribuant à la crise urbaine. Pour comprendre ces rapports multiples, il faut en finir avec le système de pensée séparant sujet/objet et éludant leur imbrication. Alors que les constructions scientifiques ont une visée objective, la pensée commune ne dissocie pas savoirs et

---

5. L'étude des représentations renvoie, aujourd'hui, plus particulièrement, aux travaux de psychologie sociale (Denise Jodelet, dir., *Les Représentations sociales*, Paris, PUF, 1991 ; et plus particulièrement l'article de Serge Moscovoci, « Des représentations collectives aux représentations sociales », p. 62-85). Mais la généralité de la définition du terme actuel a permis qu'il soit investi différemment selon les disciplines et les chercheurs. Pour les psychologues et d'une façon générale pour les sciences cognitives, il s'agit de « représentations mentales ». En revanche, ce qui intéresse les sociologues, ce sont « les représentations sociales » à l'exclusion de toute représentation psychologique individuelle. Les anthropologues utilisent le terme de représentation en « mettant l'accent sur l'ensemble des idées et des valeurs propres à une société désignée généralement par l'expression "système de représentation" ». Quant à la géographie, qui se fonde traditionnellement sur une analyse de la matérialité, du visible, elle laisse de côté l'immatériel aux autres sciences sociales. De fait, dans l'analyse des rapports des hommes aux milieux ou à la nature, elle n'étudie pas les représentations mais les signes concrets de leur inscription sur la terre, la graphie. Pourtant, des géographes (Frémont, Bailly, etc.) ont analysé les représentations qu'ont les hommes de l'espace dans lequel ils vivent en utilisant la notion d'espace vécu, de représentations spatiales.

6. Une centaine d'entretiens concernant la place de l'animal ont été réalisés dans les villes de Rennes, Lyon, Paris auprès de citadins, habitants de quartiers aux morphologies diverses, sur le plan social et urbain. Cela va de la maison individuelle, à l'immeuble collectif ; de l'appartement en centre-ville au logement dans les grands ensembles. Ainsi, on appréhende le rôle de la morphologie urbaine dans les rapports à l'animal.

sentiment de la nature, connaissances et pratique du milieu[7].

En raison de ces critiques, nous avons voulu, à chaque fois que cela était possible, confronter la pensée commune et la pensée savante de l'animal, afin d'appréhender leur décalage[8]. L'examen de leurs différences montre la manière dont chacune procède pour définir l'animal, les met en évidence comme constructions sociales. Une telle étude fait donc aussi ressortir, en creux, certains aspects de la relation citadin/animal que les pensées commune et savante éludent.

Autre enjeu : rendre compte du rôle de la dimension

---

7. Deux auteurs, notamment, ont tenté d'appréhender autrement les rapports homme/milieu. Edgar Morin, sociologue, a élaboré une approche de la complexité et Augustin Berque, géographe, propose de passer outre l'alternative classique entre le monde physique et le monde subjectif ou phénoménal. Il introduit la notion d'écoumène, la définissant comme l'étendue terrestre en tant que nous l'habitons. Ce qui le conduit à instituer une problématique du monde ambiant, faisant intervenir l'ordre humain, où se joue le sens, et la matière ou l'ordre naturel. Il faut étudier la relation des sociétés à l'étendue terrestre, la médiance, conjuguer le sens qu'une société donne à son milieu, sa dimension pratique, ainsi que la dimension bio-écologique des choses et de la nature. Afin de mieux gérer la relation à la terre, il est urgent de constituer ce rapport comme une éthique, et d'en comprendre les principes. Sinon, comment penser l'idée de responsabilité envers le milieu ?

8. Cette recherche se situe dans une perspective où la matérialité n'est pas évacuée, même si elle n'est accessible qu'au travers de diverses médiations parmi lesquelles la construction scientifique. Tout en ne réalisant pas une analyse de type systémique ou dans une perspective bio-centrique, on ne considère pas la nature comme une simple production sociale. Cette position n'élimine pas l'intérêt, ni même la nécessité qu'il y a à comprendre les représentations reliant la nature aux intérêts humains, puisque, et plus particulièrement encore quand il s'agit de cité, c'est bien l'être humain qui constitue la référence (Jean Viard, *Le Tiers Espace, essai sur la nature*, Paris, Klincksieck, 1990, p. 27). De fait, la question de la place de l'animal, et de façon générale de la nature dans la ville revient, comme le dit Olivier Godard, à manier « une dialectique entre auto-référence et hétéro-référence où il appartient à l'homme d'assumer son rôle de créateur d'environnement et de "force agissante de la nature", puisque la nature à laquelle il est confronté aujourd'hui résulte de l'histoire de leurs interactions, et dans le même mouvement où il s'engage, de s'arracher à lui-même pour reconnaître une réalité qui le dépasse et qu'il ne maîtrise pas » (*Du rural à l'environnement : la question de la nature aujourd'hui*, Paris, L'Harmattan, 1989, p. 308, note 7).

matérielle et naturelle de la ville. Alors, il faut décrire le rapport à l'animal dans des milieux particuliers. Progressivement, au cours du siècle, les aspects concrets de l'espace urbain ont été négligés. La géographie, science des rapports homme/nature, est devenue celle de l'espace. Ce mouvement, qu'on peut mettre en parallèle avec l'extension de l'urbanisation et la spécialisation scientifique, a contribué à faire oublier le rôle de la matérialité dans les rapports sociaux et politiques. La complexité actuelle des questions de nature, d'environnement, de biodiversité même, implique de réintroduire la dimension concrète de l'espace. Si l'étude des représentations peut faire croire à leur a-territorialité, celle du couple représentations/pratiques conduit forcément à montrer les particularités locales. En effet, la vie pratique engage des territoires concrets, avec une histoire, une géographie.

Dernier enjeu, enfin : comprendre si, tant dans les discours communs que savants, l'animal est associé à l'idée de nature. Même s'il n'est pas possible de définir la notion de nature, qui repose sur une alliance complexe d'éléments scientifiques, moraux et religieux[9]. Il est de surcroît malaisé de retracer l'évolution de cette notion, de manière diachronique. « D'ailleurs, s'interroge Maurice Merleau-Ponty, peut-on valablement étudier la notion de nature ? N'est-elle pas autre chose que le produit d'une histoire au cours de laquelle elle a acquis une série d'acceptions qui ont fini par la rendre inintelligible ? Il faudrait s'attacher alors à l'histoire des méprises sur le sens du mot. Mais ces changements ont-ils été fortuits, n'y aurait-il pas un quelque chose qui a toujours été visé, s'il n'a pas été exprimé, par ceux qui employaient les mots[10] ? »

---

9. Cf. Robert Lenoble, *Histoire de l'idée de nature*, Paris, Albin Michel, 1969, 2ᵉ partie, chapitre 1.

10. Maurice Merleau-Ponty, *La Nature, notes, cours du Collège de France*, établi et annoté par Dominique Séglard, Paris, Éditions du Seuil, 1995, p. 19. L'étude des rapports des hommes à la nature est une question immense, qui relève plutôt d'un projet de philosophe que de géographe. Et même alors, abordant une histoire de la notion de nature, Maurice Merleau-Ponty envisage toute la difficulté :

Cependant, la place de l'idée de nature et de vivant dans le développement de la pensée politique nécessite une réflexion sur les liens entre les catégories de nature et d'animal. D'autant plus que la pensée commune des citadins confère à la définition de la nature une évidence qui disparaît dès lors qu'on aborde précisément « la nature en ville ». L'arbre, par exemple, transporté, planté et soigneusement entretenu en ville, est-il un élément naturel ou un élément produit par l'homme bien que vivant ? L'air urbain cesse-t-il d'être nature quand il est pollué ? Et l'animal quand il est domestiqué ? Ces exemples montrent l'intérêt de l'analyse des représentations de la nature : « un objet énigmatique, un objet qui n'est pas tout à fait un objet [11] », mais qui est objectivé par les sciences de la vie et de la matière. Pour une société donnée, les représentations de la nature dans la ville expriment son mode d'inscription dans l'espace urbain.

Pris dans cette perspective, l'animal devient un objet d'étude privilégié pour comprendre la dimension symbolique, imaginée du mode d'habiter urbain en relation avec sa dimension concrète et leurs évolutions. Tel est l'enjeu au cœur de ce livre.

« La nature est un objet énigmatique, un objet qui n'est pas tout à fait un objet ; elle n'est pas tout à fait devant nous. Elle est notre sol, non pas ce qui est devant mais ce qui nous porte. » Il lui donne, néanmoins, un sens avant de commencer ses cours. « Il y a nature partout où il y a une vie qui fait sens, mais où cependant il n'y a pas de pensée ; d'où la parenté avec le végétal : est nature ce qui a un sens, sans que ce sens ait été posé par la pensée. C'est l'auto-production d'un sens. La nature est donc différente d'une simple chose ; elle a un intérieur, se détermine du dedans ; d'où l'opposition de naturel à accidentel. Et cependant, la Nature est différente de l'homme ; elle n'est pas instituée par lui, elle s'oppose à la coutume au discours. Est nature le primordial, c'est-à-dire le non-construit, le non-institué ; d'où l'idée d'une éternité de la nature (éternel retour), d'une solidité. »

11. Maurice Merleau-Ponty, *La Nature, notes, cours du Collège de France, op. cit.*

Chapitre premier

DEDANS

Le logement est le seul lieu, en ville, qui relève de l'ordre privé, sur lequel l'individu dispose d'un droit d'intervention. Le citadin y échappe au regard des autres, se met en retrait de la vie sociale. À l'abri des murs, il se livre à des gestes qui appartiennent au registre de l'intimité. En théorie, il peut y faire ce qu'il désire.

En tant que locataire, il est pourtant contraint et ne peut transformer son logement à son gré. Locataire ou propriétaire, il vit sous le regard des voisins, plus proches en immeuble collectif qu'en habitat pavillonnaire. Alors, même si l'animal est désiré et a volontairement été introduit dans le logement, ses relations avec son maître peuvent faire l'objet de critiques du voisinage. Au point qu'il faut souvent justifier son choix d'un animal familier en ville.

Du côté de l'animal désiré, certains animaux familiers sont des membres ou des compagnons de la famille. La possibilité d'une telle relation est même l'un des éléments principaux justifiant le choix d'un animal. En particulier, s'il y a des enfants. Ce sont les familles de deux enfants et plus, les plus nombreuses à posséder aujourd'hui un animal de compagnie, cela associé à un mode d'habiter comprenant le pavillon et le jardin. D'après les études du ministère de l'Environnement (1999), l'appropriation de l'animal relèverait d'une culture plutôt populaire, à la fois ouvrière et rurale, plus répandue dans les régions du nord de la Méditerranée, de l'Ouest.

La relation établie avec l'animal s'apparente à un jeu de rôles. En fonction de l'espèce, du mode d'acquisition et de son propriétaire en titre, il pourra être l'objet d'une affection partagée, de conflits, d'échanges. Il ne sera plus l'animal d'une seule personne, mais celui d'un groupe, d'un collectif familial : chacun en sera responsable. Parfois, il suppléera aux difficultés de communication entre les membres de la famille. Sa présence peut même susciter des jalousies. Pour certains, il est difficile, voire impoli, d'exprimer son affection y compris à l'égard d'autres membres de la famille. Par contre, on peut se le permettre avec le chien. L'animal occupe donc une place dans la maisonnée. Place qui diffère en fonction de la culture de l'habiter, du caractère de l'animal, du degré d'investissement du propriétaire.

Dans le logement, la relation homme/animal a une morphologie particulière [1] : on est maître chez soi. À l'extérieur, en ville en tout cas, des contraintes s'appliquent aux membres de la collectivité. Dedans, protégées des regards,

---

1. La relation à l'animal dans le logement est une des expressions de l'habiter, comme système complexe. Cf. Henri Lefebvre, « Introduction à l'étude de l'habitat pavillonnaire », texte de 1966, *L'Habitat pavillonnaire*, par Nicole Haumont, M.-G. Raymond, Henri Raymond, Paris, CRU, 1967 et Henri Lefebvre, *Le Droit à la ville*, Paris, Anthropos, 1968-1972. Si on se tourne du côté des sociologues, on voit qu'Henri Lefebvre attribue une dimension anthropologique au fait d'habiter. L'habiter s'exprime objectivement dans un ensemble d'œuvres, de produits, de choses qui constituent un système partiel : la maison, la ville ou l'agglomération. Chaque objet fait partie de l'ensemble, il en porte la marque ; il témoigne du style de l'ensemble. L'habiter est donc complexe. Il combine une dimension sensible et verbale, objectale et sémantique. Dans un tel ensemble « objectal et subjectif à la fois », l'habiter individuel et familial n'est qu'un élément, qui s'insère et s'articule avec des niveaux plus amples.

des personnes aiment que leur animal les détrône. « Ce sont elles (deux petites chiennes blanches) les maîtresses à la maison », disent deux dames âgées. « Tout est fait en fonction de nos petites : on ne va pas en voyage, au théâtre, au cinéma. On renonce un peu à tout pour ne pas les laisser seules. Il y a deux fauteuils et si les deux fauteuils sont occupés, on ne les dérangera pas. »

L'exiguïté de leur appartement motive la petite taille de leurs chiennes. Ce sont des jouets ainsi que le dit, en anglais, le terme *toy* utilisé pour les désigner. Des jouets qui n'ont pas besoin de courir : elles les emmènent à la campagne, mais les chiennes préfèrent rester à l'intérieur. Elles se blottissent à leurs pieds, sous leurs fauteuils. Ou elles occupent des coussins. « C'était acheté dans l'intention de rester des tout petits chiens de compagnie assis sur un coussin. »

Leur rapport à ces chiennes est ambigu. Elles organisent la journée de ces femmes, leurs allées et venues qui, pourtant, les ont choisies comme des objets qui intégreraient, a priori, les contraintes de leur mode d'habiter. Ces deux chiennes sont d'autant plus des objets que leur choix est lié à l'idée de leur beauté. Cette beauté joue dans le regard que d'autres citadins leur portent : « Les bichons sont souvent blancs et c'est beau. On les a achetés car ce sont des petites boules blanches irrésistibles. »

Le nom de l'animal est un autre indicateur de sa place. Rarement, les gens le citent spontanément. Il fait partie de l'animal. Son choix fait souvent référence aux caractéristiques physiques de l'animal (couleur, poil, taille), à sa proximité avec son maître, et au maître lui-même. Ces deux chiennes portent des noms sophistiqués qui ne sont jamais utilisés. Les vieilles dames usent de diminutifs, qui en font des objets charmants, des poupées : « La chienne de maman s'appelait Agnès de Bourbielle. C'était son pedigree et elle utilisait comme diminutif Poupette. Et l'autre c'était Queeny Rosy. Mais comme on n'aime pas beaucoup Rosy, on l'appelle n'importe comment : pépé, chérie... »

Même si elles vivent seules dans leur logement, elles se disent conscientes du regard critique que leur attitude provoque. « Si on nous entendait ! Les gens diraient : elles sont complètement gagas ! » Elles portent l'une sur l'autre ce même regard. Pour caractériser leur comportement, elles utiliseront un superlatif, autre signe de leur excès : « On est hyper-gâteuses ! » D'une certaine manière, elles le revendiquent.

À l'inverse, d'autres personnes dissimulent la présence d'animaux dans leur logement. Leur mode d'habiter comprend la présence de plusieurs chats. Certaines en possèdent même jusqu'à plus de cent. Spontanément, elles évoquent les difficultés rencontrées avec leur voisinage : la cohabitation avec des animaux est mal perçue. C'est vrai, au moins depuis le XVIIIe siècle (Thomas, 1983). En Angleterre, au XIXe siècle, il était interdit de vacciner des êtres humains avec un fluide animal : il pouvait causer l'animalisation des êtres humains. Aussi, les animaux admis à table étaient suspects. Dès cette époque, les fermiers commencèrent d'installer les animaux dehors. À l'exception des animaux familiers – catégorie qui peut englober des espèces diverses, selon les temps, les lieux et les cultures – auxquels on donnait un nom propre.

On constate qu'il y a de nombreuses images d'animaux dans les foyers où ils occupent une grande place. Ainsi, cette vieille Parisienne habite un rez-de-chaussée avec un nombre d'animaux qui a varié. Elle a possédé jusqu'à plusieurs chiens, mainates et une douzaine de chats. Des images d'animaux sont sur ses murs très décorés, entourant l'icône de sainte Rita, protectrice des animaux. De façon générale, l'imagerie animalière a gagné en importance dans nos sociétés, notamment chez les propriétaires d'animaux. Cela corrélé à une certaine idéalisation de leurs rapports. Rares sont les logements sans représentation d'un animal... Pour les propriétaires d'animaux, l'image a un rôle particulier : ils la montrent en l'absence de leur animal favori. Ainsi, des photographies d'animaux sont bénies dans l'église catholique gallicane Sainte-Rita du XVᵉ arrondissement de Paris[2]. Des messes aux animaux y sont organisées régulièrement avec un grand succès.

Même quand la présence de l'animal a un caractère moins exceptionnel, elle joue un rôle important dans la vie quotidienne. Le chat renvoie à l'intimité. Il investit certains coins de la maison, lui donne une géographie particulière : les coins chauds, à l'ombre, étroits. Où il peut se cacher, éventuellement. Se soustraire à la vue des enfants. Il contribue à faire de l'appartement, un « chez-soi », du logement, un dedans, dans la mesure où il investit les lieux, leur donne une morphologie associée à ses besoins. Il est souvent vécu comme une métaphore de l'intimité. Aussi, c'est un petit félin. Sa présence transforme le logement en un lieu « sauvage ». Comme le chien, on lui accorde une place de commandement. On le désigne comme sujet. Il a son caractère, ses prédilections, ses caprices. Ce que les industries de l'alimentation pour animaux ont vite repéré (Gourmet...). « Cette chatte est très difficile quant à la nourriture. J'achetais des boîtes, mais elle adorait le dindonneau et le poulet que je faisais cuire... » Le maître cède à l'animal : le rapport de domestication s'inverse. L'animal commande l'homme.

Beaucoup de citadins préfèrent ne pas en posséder, plutôt que de subir une telle contrainte. Posséder un animal chez soi, c'est cohabiter. Il faut transformer son « mode de vie », son mode d'habiter. En particulier si l'appartement est petit. L'animal a besoin d'un « espace vital ». Tel est l'argument qui explique le choix de petits animaux ou de poissons d'aquarium. À tel point qu'un parallèle est fait entre l'animal et l'enfant. Aujourd'hui, un enfant est un choix fort, d'autant plus qu'il est voulu comme l'animal. Sa présence n'est pas « naturelle ». Il représente aussi un ensemble de contraintes. On doit prévoir sa naissance, son

---

2. Communication d'Anne-Marie Brisebarre, séminaire *Nature dans la ville*, MNHN.

éducation, lui réserver une place dans le logement. Pour cette jeune femme, de la même façon, posséder un animal est une responsabilité. On doit le rendre heureux : « Avoir un animal, c'est comme avoir un enfant, ça ne se prend pas dans n'importe quelles conditions ! Je ne mets pas l'enfant au même niveau que l'animal, mais si j'ai un animal, j'ai envie qu'il soit heureux. Si c'est pour le laisser enfermer entre quatre murs ! »

La place de l'animal dans la maison est fonction du milieu d'origine et de l'éducation de ses propriétaires. Des ruraux d'origine, depuis longtemps en ville, pensent que l'animal n'a pas sa place à l'intérieur. Qu'il y ait tant d'animaux dans tant d'intérieurs urbains est le signe d'une « pathologie urbaine ». C'est une situation anormale. L'usage de ce terme donne la mesure de l'enjeu : « Les animaux doivent être à la campagne. Là, c'est normal d'avoir des bêtes. » La place des animaux n'est pas en ville. D'autant plus qu'ils n'ont pas de raison d'y être. Leur présence répond à un besoin d'affection. Ce besoin, bien que reconnu, doit trouver réponse auprès d'êtres humains. Sinon, cela dénote la solitude ou encore des personnes marginalisées ou faibles.

Encore, entretenir un animal qui n'est inscrit dans aucun processus de travail évoque le luxe. L'animal des villes montre le bourgeois. Mais la critique essentielle porte sur le partage d'un espace intime. Les gestes et scènes qui ont lieu échappent aux enjeux de socialisation. L'animal, non seulement, fait partie de la famille, mais aussi de l'espace privatif du citadin. Une femme née dans une famille d'agriculteurs explique : « Je suis tout à fait hostile aux animaux d'appartement. Je suis de la campagne. Les animaux, ça vit dehors. Les chats vivaient leur vie de chat, à l'extérieur : ils ne faisaient pas partie de la famille. » Aujourd'hui, cette femme habite une petite maison dans Paris. Son jardinet jouxte un jardin public. Elle n'a jamais voulu d'animal : « Mon fils voulait un aquarium. Les animaux ne me gênent pas à condition qu'ils n'empiètent pas sur mon territoire. Un poisson dans son aquarium, ça va très bien ! Il ne va pas dans mon lit, il ne mange pas dans mon assiette. Il était dans la chambre de mon fils. » La présence de l'animal dans le logement, même désiré, oblige à partager ce territoire. Il peut engendrer des conflits. En particulier, si le chien appartient à l'un des membres de la maisonnée et non à l'ensemble, la famille. Encore plus, si l'animal n'est pas désiré, par exemple la blatte.

Nombre de citadins refusent de vivre avec un animal en ville. Ils n'en ont pas le désir ou estiment qu'il représente une contrainte trop importante. Par contre, ces mêmes personnes peuvent apprécier la présence d'animaux non désirés dans leur logement. La présence de certains rongeurs ou insectes peut être bien acceptée, même si c'est peu courant. Tel animal investit le logement, se nourrit de manière autonome des débris, des miettes. Il est rarement visible. Il peut être, ainsi la souris, une heureuse surprise. Il devient un compagnon de fait. On lui donne un nom, donc une place. C'est une connaissance de la famille. Les membres de la famille savent de qui l'on parle. « J'aime bien les araignées : il y en avait une qui s'est installée, on l'avait nommée Huguette ; on l'observait ! »

Une jeune femme habite un très grand appartement ancien à Paris, avec ses deux enfants. Elle ne veut pas prendre le chat de ses parents. Elle craint une trop grande responsabilité en raison de la charge qu'il représente. Cependant, elle voudrait que ses enfants s'y intéressent. Par contre, elle ne refuse pas de cohabiter avec des animaux dans la mesure où ils ne dépendent pas d'elle. L'aspect de l'animal joue un rôle important. Elle ne veut pas de blattes : leur présence l'aurait même « angoissée ». Les souris, même nombreuses, ne la dérangent pas. Si, au début, elle tente de les tuer avec des « tapettes », elle abandonne rapidement. Les souris viennent jusqu'à leur table et mangent « à trois centimètres d'eux » les morceaux de pain sur le parquet.

Dans le logement, le seul animal que tous rejettent est la blatte. Ce n'est pas le seul à s'introduire sans y être autorisé. Il n'est pas seul à s'y reproduire, non plus. De nombreuses raisons expliquent que sa présence entraîne le dégoût. On citera son aspect, le fait qu'il soit un insecte. Aussi, il va dans la nourriture et mange des saletés. Une enquête dans un ensemble HLM montre que la blatte provoque de fortes réactions et contribue aux discours sur l'appartement. Une habitante d'un des immeubles emménage dans un appartement entièrement refait, y compris la cuisine, et l'investit, avec un certain luxe. Elle est surprise : de nombreuses blattes grouillent autour de l'évier. Pourtant, l'appartement lui paraît propre. Cela contredit ce qu'elle sait, à savoir que cet insecte est lié à la saleté du locataire. Elle en a peur et ne parvient pas toujours à les écraser : « J'ai donné un coup pour essayer de l'écraser par terre. Il a fui, je ne sais pas où. Je me suis rappelé mes terreurs en essayant de les attraper dans la cuisine... À l'époque, j'essayais d'en tuer le plus possible, de les brûler dans l'évier, à la main, avec des journaux. J'y allais même avec les mains. Donc, je me lavais les mains après. Je ne pouvais pas supporter ce grouillement. » Elle peut même passer une ou deux heures la nuit, dit-elle, pour « ne pas les laisser circuler ailleurs », les laisser filer dans d'autres pièces.

Tous les insectes ne lui font pas la même impression. Elle fait même attention, dit-elle, quand elle se promène à la campagne « dans la nature », de ne pas abîmer une toile d'araignée. Elle les trouve belles. « Ces petites bêtes ne me font rien du tout... » Par contre, elle ne veut pas d'araignées à l'intérieur. Par la suite, elle partage son appartement avec un nouveau compagnon. Elle a peur que des blattes se trouvent chez elle, qu'il lui dise qu'elle est sale, que son appartement est sale, qu'elle vit dans un endroit sale. Il n'y en a plus quand il emménage, mais elle pense qu'elles vont resurgir : elle va devoir expliquer leur présence. Finalement, elle le lui dit. Cela ne lui pose pas de problèmes. Il explique : « S'il y en avait, j'aurais pris les moyens : j'aurais acheté des bombes aérosols, des trucs comme ça. Je n'aurais pas frissonné... » On observe une différence de comportement entre femmes et hommes au sujet de la blatte. Les femmes tuent rarement l'animal elles-mêmes et, parfois, l'homme se transforme en chasseur.

Les blattes sont présentes dans tout l'appartement, même les chambres. Leur répartition peut faire l'objet de minutieuses descriptions : autant d'observations liées à l'angoisse que provoque cet animal. On déduit de leur localisation des informations sur leur niche écologique, notamment qu'elles aiment la chaleur : derrière le tuyau bien chaud, « ils grouillaient ! Il y en avait une centaine, tranquille une centaine... ».

« J'en vois dans la cuisine, dans le débarras, mais je n'en ai plus maintenant... Ils sont derrière l'évier, ils sont sur la machine à laver, sur le sèche-linge, et quand on arrive, ils se barrent... » Mais la blatte est essentiellement présente dans la cuisine. Ce lieu associé à la nourriture, à sa préparation, doit être plus propre que les autres. Or la blatte entre dans les boîtes de nourriture, circule dans la vaisselle. « J'allumais la lumière et elles partaient... C'était dégoûtant. Ce n'est pas terriblement sale, mais quand vous imaginez toutes ces petites bestioles en train de rentrer dans votre riz, farine... Les insectes, on a quand même du mal, ce sont des intrus à partir du moment où ils ne devraient pas être là, pas dans mes petites affaires... » On risque de porter à sa bouche un objet ou d'avaler un aliment qui a été en contact avec la blatte.

On fait de grandes manœuvres pour débarrasser l'appartement des blattes. Une femme d'une quarantaine d'années, habitante d'une tour voisine, change régulièrement les meubles de place et n'en trouve jamais : « Où ils logent, c'est le grand mystère. » Les méthodes et techniques employées pour les tuer montrent à quel point la blatte devient une préoccupation quotidienne : « On utilise Bégon, l'insecticide classique. On s'est jeté dessus, on s'en est servi un moment le matin. Ça marchait bien, mais il faut y aller le soir. Alors on tendait des guet-apens : on éteignait la lumière, on revenait une heure après, celles qu'on voyait, on pschitait dessus. Je faisais même la chasse un moment derrière les meubles. Maintenant, je vais où je sais qu'elles sont. Autrement, on utilisait la méthode classique : on les écrase avec le chausson. »

Par contre, la blatte fait partie de l'existence de certains. Une femme habite son immeuble depuis quatorze ans et en a toujours vu. Au début, elle se demandait « ce que c'était ces bêtes-là ». Comme d'autres qui, pourtant, se doutent que « dans les immeubles comme ça, il pouvait y en avoir… ». Très vite, aussi bien les blattes qu'elle-même s'habituent. Même si elle continue à installer des pièges et à les tuer : « La semaine dernière, avec ma fille, on a nettoyé. On avait mis de la bombe : on a vu sortir les cafards par endroits, ils sont quand même assez gros et ils ont l'air de pondre. Je suis habituée, mais ma fille hurle à les voir tomber sur elle. »

Partager son logement avec un animal désiré implique de lui donner une place. Celle-ci définit le type de domestication que subira l'animal. Il peut être extrême. Par contre, avoir des animaux non désirés chez soi n'est pas toujours synonyme de rejet. Certains animaux qui ne sont pas associés à la saleté, à la différence de la blatte, ne bouleversent pas l'ordre du logement, n'amoindrissent pas la maîtrise de son occupant. C'est lié au rapport à l'appartement, son type architectural, sa taille, aussi à sa localisation dans la ville. Les souris, les araignées ou les fourmis sont mieux tolérées dans des appartements anciens ou dans des maisons que dans des logements modernes. Une maison bâtie sur le même plan que la rue est plus ouverte aux animaux en provenance de l'extérieur, surtout, si elle est contiguë à un jardin.

Même s'ils habitent en appartement, certains maîtres autorisent le va-et-vient de leurs animaux. Ils ouvrent ou maintiennent leur porte ouverte : ainsi, leur chat peut sortir librement. Le chat est considéré comme un animal autonome. Le laisser sortir le confirme. Le chat a une existence en dehors de celle qu'il a avec son maître. Du coup, son territoire se dessine entre le dedans et le dehors.

Chapitre 2

DEHORS

L'animal urbain, désiré ou non, est associé à la présence de l'autre citadin, son voisin parfois : si l'animal familier transgresse certaines limites, son propriétaire sera en cause ; pour l'animal non désiré, ce sera la personne suspecte d'être à son origine.

S'intéresser à l'animal dans les espaces publics, c'est donc explorer la vie urbaine d'un point de vue étrange, celui de l'intrus. L'animal est un intrus que sa seule odeur ou le bruit qu'il fait suffit à évoquer. Des conflits peuvent naître qui impliquent la vie collective sans qu'il soit, en personne, dans l'espace commun. L'animal enfermé dans le logement aboie ; il est à l'origine d'odeurs signalant un appartement coupable. Les habitants du palier sont concernés, et si l'escalier le traverse, ceux des étages, aussi. Les cloisons, les murs nous séparant les uns des autres ne sont pas étanches, sinon à la vue.

Exprimant la nature de l'immeuble comme la coprésence de gens aux comportements étrangers, une jeune femme use d'une métaphore : « Si les chiens ne font pas de bruit, ça ne me gêne pas, s'ils aboient, je trouve ça insupportable ! Tu peux être pris en sandwich entre les aboiements ! » La présence animale renforce la distinction entre les espaces privés et ceux d'ordre collectif, le dehors et le dedans. Elle met en évidence un ordre social : on fait ce qu'on veut dans l'espace intime, si on ne gêne pas ses voisins. Au-dehors, prendre en compte autrui est obligatoire.

Une dame, environ 70 ans, habite deux pièces en rez-de-chaussée dans un groupe d'immeubles en copropriété. Les bâtiments sont distribués autour de trois cours en enfilade. Son logement ouvre sur deux cours : il est traversant. Elle décrit les troubles de voisinage que deux femmes possédant des chats ont engendrés. Ses termes sont importants : « J'ai une voisine qui a quatre chats, elle est un peu fofolle. C'est une maman à chats. » Les nuisances qu'elle décrit nécessitent aussi un vocabulaire : « Des gens de la maison ne l'aiment pas : il arrive que ses chats fassent des petites saletés. » Elle estime que la dame à chats s'arroge un droit : « Elle les laisse sortir et sa cour correspondant avec la nôtre, ils viennent dans notre cour et même quand la porte est ouverte, dans notre couloir. Il y a des gens qui se sont plaints : pas moi. »

Par ce discours, elle met en évidence une association entre un type de personnage, un rapport à l'espace commun, et ce qu'on ne peut nommer toujours, sinon par des métaphores, les excréments. Une deuxième femme avec plusieurs chats s'installe. Cela fait naître des « histoires ». Les cris des animaux – son « chat et les autres chats se bagarrent la nuit » – ne passent pas inaperçus. Les deux femmes, propriétaires des chats, se rencontrent afin de ne plus avoir de problèmes avec le reste de l'immeuble, et passent un accord. Elles choisissent de laisser sortir leurs chats, à tour de rôle. Mais l'une d'elles ne respecte pas le contrat informel et elles échouent.

Dans l'immeuble, il y a deux groupes d'opposants. « Certains trouvent que les chats font trop de saletés et d'autres, surtout des femmes, les trouvent gentils. » Ces groupes, selon l'observatrice, se distinguent par leur sexe. « Les hommes surtout détestent les chats et les femmes les adorent : le chat reste toujours un peu sauvage et les hommes n'aiment pas cela. Ils préfèrent les chiens. Quand on dit couchez, ils se couchent. » Cette opposition entre chats et chiens est ancienne et revient à confronter des caractères [1]. Elle est structurée : du côté du chien, on trouve la fidélité, la bonté, le dévouement ; du côté du chat, l'habileté, la séduction, l'égoïsme. Le chien est attribué à l'homme, le chat à la femme [2].

Les chats dans l'espace collectif peuvent être acceptés, mais ils doivent respecter des limites. Une femme, locataire dans un immeuble de statut HLM à Paris, aime les chats au pied de l'immeuble, mais ils ne doivent pas entrer à l'intérieur. Le seuil de tolérance dépend de l'animal lui-même et du nombre. Dans l'idée, une blatte n'est jamais seule. Le nombre de chats importe, mais ils ne dérangent pas s'ils sont pris en charge : nourris, soignés, éventuellement stérilisés. « Il y a un temps, il y en avait beaucoup plus dans le garage, alors ce n'était pas possible. Ils grimpaient sur les voitures. C'était une odeur dans le garage ! Ils se reproduisaient là-dedans... » Aujourd'hui, une « dame à chats » leur a construit des abris localisés contre l'immeuble : « C'est limité leur territoire. Ça finit par devenir une habitude. Il y a toujours eu ces chats... »

---

1. Champfleury écrit dès 1869 : « L'attachement des chiens ne me touche pas du tout. Ils ont l'air condamnés à nous aimer ; ce sont des machines à fidélité, et vous savez mon horreur pour les machines. Elles m'inspirent une inimitié personnelle... Vivent les chats ! Tout paradoxe à part, je les préfère aux chiens. Ils sont plus libres, plus indépendants, plus naturels ; la civilisation humaine n'est pas devenue pour eux une seconde nature. [...] Ce sont surtout les chats et les chiens qui forment les deux races bien distinctes de l'humanité. » (*Les Chats*, Neuchâtel, Ides et Calendes, 1869, p. 248).

2. Selon François Héran, « l'erreur, consiste à traiter séparément la possession de chats et la possession de chiens et à ne pas voir qu'elles forment, au sens précis du terme, un système structural d'opposition. [...] Entre le pôle canin et le pôle félin, le champ des possesseurs d'animaux domestiques est fortement structuré selon l'opposition du "capital économique" et du "capital culturel" » (« Comme chiens et chats », *Mon Chien, c'est quelqu'un*, Paris, Panoramiques, Arlea-Carlet, 1997, p. 29).

Des habitants considèrent les chats dehors comme des nuisances. Associés à une personne, leur propriétaire, dans les représentations, ils occasionnent des disputes. Dans certains cas, un collectif peut adopter un chat comme objet d'échanges, même s'il a un propriétaire. Cela, associé à un mode d'habiter : une allée de maisonnettes, anciennement ouvrière. Une des habitantes de l'allée raconte : « Il y a le chat en commun ici. Il vient à la maison très souvent : on s'attache à l'animal en lui-même et puis on passe du temps à l'observer ! »

À l'intérieur d'un immeuble, une personne que ses voisins suspectent d'abriter ou de nourrir un trop grand nombre d'animaux est souvent mise au ban. On ne l'accuse pas de gêner le voisinage, de générer des nuisances ou de provoquer des conflits, mais d'être sale, folle, « fofolle ». On la considère marginale, on la marginalise.

Essentiellement des femmes nourrissent les chats ou en possèdent beaucoup. Rejetées, elles s'enferment, rompent avec leurs relations. Ainsi, s'occupant de nombreux chats, dehors et chez elle, une femme tente d'éviter les conflits, dissimule la présence de ses trop nombreux animaux. Elle se sait en faute, au regard des normes d'hygiène : « Les gens m'apportaient la veille les chats que j'avais placés pour les opérer. Quand je revenais le soir, je faisais la distribution en sens inverse. Il fallait que je trouve à me garer pas trop loin et que je monte les chats deux par deux. Et la bouchère venant prendre son courrier me voyait passer avec deux chats, quatre chats, six chats. Un jour, elle me dit : ça sent mauvais dans le hall avec tous les chats que vous avez. Je vais vous envoyer l'Hygiène. J'ai répondu : ce sont des chats qui ne font que transiter chez moi ! Elle me voyait arriver avec les chats, mais ne me voyait pas repartir avec eux. C'étaient d'autres personnes qui les emmenaient. À l'époque, j'avais vingt-cinq chats, j'aurais eu des problèmes avec l'Hygiène. »

De la même façon, les blattes chez soi compliquent les relations sociales. On est suspect d'être à l'origine de celles du voisin, ou, après désinsectisation, de celles qui continuent de proliférer dans l'immeuble, d'envahir les appartements, en se glissant par le moindre interstice. À tel point que la seule solution pour s'en débarrasser est de forcer la porte des appartements douteux. Venir à bout des blattes nécessite une action collective, un accord de l'ensemble des habitants. Des gens n'ont pas ouvert leur porte à la désinsectisation ? Ce sont eux, les fautifs, s'il reste des blattes...

Parfois, la qualité de l'immeuble et sa gestion défaillante sont en cause. Le seul comportement des voisins ne peut expliquer qu'il y ait toujours des blattes : « Il faudrait assainir ces colonnes d'eau usée. Elles sont carrément pourries. Les colonnes sont d'origine depuis la construction. Il ne faut même pas réparer, il faut changer la colonne entièrement. Une partie des nuisances comme les insectes, même s'il n'y en a pas chez nous et qu'il y en a ailleurs, vient de là. » Cependant, l'immeuble dégradé et la présence des blattes sont liés au partage de l'espace avec des irresponsables. Ce couple aime son appartement, l'a refait avec soin. Il accuse les voisins de la déliquescence de l'habitat : « Des gens refusent de payer une surtaxe pour l'amélioration générale de l'habitat. Ces gens détruisent : même s'ils ne détruisent pas physiquement, d'une manière ou d'une autre, en refusant, ils apportent une vermine générale. »

L'animal non désiré qu'on subit est associé à autrui ; les étrangers, rendus responsables de sa présence. Leur mode d'alimentation, leurs déchets sont en cause. Ils laisseraient traîner leurs poubelles sur les paliers, n'observeraient pas les règles d'hygiène régissant la vie collective, en France. Dans les discours, ils contribuent à la dégradation de l'habitat. De manière générale, les études en sciences sociales conduisent à considérer comme une tendance importante de penser le monde humain à partir des représentations du monde naturel et vice-versa (Thomas, 1985). Les valeurs jouant dans la définition du monde naturel sont importantes dans la pensée de l'ordre humain, elles servent à en préciser les limites. En d'autres termes, lier les étrangers aux blattes est une démonstration de leur caractère non désiré, les valorise comme non-humains, exclus de l'ordre social établi.

L'animal provoque aussi des conflits dans la rue[3]. Des citadins considèrent que l'espace public est partagé. D'autres en abusent, choisissent d'ignorer sa nature collective. C'est, ce qui est extérieur au logement. Ils respectent peu la propreté ou la présence d'autrui. La « cocitadinité » leur est étrangère. Ainsi, rendent-ils l'urbanité problématique. D'autres, encore, imaginent autant de visions de l'espace public que de citoyens. Les pouvoirs publics doivent contrôler la légitimité de son usage. Quoi qu'il en soit, les conflits, pour l'essentiel, sont liés aux excréments. Partout présents, du trottoir au caniveau, ils conquièrent l'espace piéton, sont répandus grâce aux pieds des passants. Il y en a même dans les jardins, dans les bacs à sable. Dans les ascenseurs, il est écrit que « le chien n'a pas toujours quatre pattes ».

Au sujet des crottes de chien, des citadins deviennent virulents. Ils pointent l'embarras du promeneur. Son « parcours du combattant ». Il doit surveiller ses pieds partout où il va. Une jeune femme évoque une géographie de l'incivilité. Les gens, dit-elle, vont dans les petites rues ou dans des recoins avec leur chien. Les incivilités se déroulent à l'écart, là où maîtres et bêtes sont tranquilles. « J'ai toujours été dans un quartier où il y a une rue… C'était une rue un peu à l'écart du boulevard où les gens venaient avec leur chien. Il fallait avoir les yeux rivés sur le pavé pour ne pas marcher dedans. »

D'autres subissent, de façon moins importante, la présence de l'animal dans la rue : ils se contentent de circonscrire sa place. Les pigeons gênent : il faut réduire leur nombre. Les cafards n'ont pas leur place ; ils vont partout,

---

3. Cf. Isaac Joseph, *La Ville sans qualités*, Paris, Éditions de l'Aube, 1998.

« j'en ai même eu dans mon lit ». Les rats ont toujours été présents et restent en sous-sol et « l'on ne peut pas les exterminer tous ». Le chien et le chat ne posent pas de problème s'ils ont un foyer.

En définitive, la présence des animaux dans l'espace public implique un contrôle accru et une gestion qui prend en compte les conflits engendrés. Un homme, handicapé, habite au rez-de-chaussée d'un immeuble d'habitat social à Paris. Il constate les problèmes liés à l'animal non contrôlé : « Il ne faut pas de chats errants ou même de chiens sans laisse dans la rue ! Les animaux ne peuvent être laissés libres dans les villes. Ils peuvent occasionner des accidents. Les grosses déjections de chiens devraient être ramassées. » D'après lui, les habitants de sa cité respectent ces règles. Ce sont les « étrangers » à sa cité qui commettent des infractions.

Des habitants s'occupent de la gestion des animaux errants. Essentiellement, des femmes. La souffrance de l'animal les motive. Une bourgeoise avec de nombreux chats explique : « Si je voyais des chats dans la rue, je serais très triste car je croirais qu'ils sont perdus et je me sentirais obligée de les adopter. J'ai ce problème-là. » Les animaux sont malheureux dehors. Après avoir vécu dans le confort, ils se retrouvent sans domicile, sans foyer. « Ce sont des chats abandonnés qui ont connu un état de confort, de domestication. »

Des femmes nourrissent les animaux. Elles le vivent comme un devoir. C'est une nécessité pour elles, pour les chats. Leur travail sur « le terrain » – tel est le terme qu'elles emploient – produit un mode différent de cohabitation citadin/animal. Ce faisant, elles s'approprient un territoire qui, dans son ordonnancement et sa gestion, relève d'habitude et uniquement, des pouvoirs publics. Elles contribuent à la gestion des espaces publics. En ville, le seul espace relevant du pouvoir et de la maîtrise de l'individu est le logement.

À la différence de l'univers rural, la coupure dedans/ dehors est associée au rapport privé, public ou collectif. À l'extérieur, le citadin ne contribue pas à façonner matériellement son milieu de vie, sinon indirectement. L'intérêt porté au jardinage peut être l'indice d'un manque : celui d'intervenir sur son milieu autrement que de façon décorative. Dans ce sens, entretenir son logement, c'est améliorer un espace particulier, privé. Veiller à la croissance de plantes sur un balcon, dans un jardin ou des animaux audehors revient à contribuer au bien-être général.

Les femmes qui nourrissent les animaux sont appelées « les mères nourricières » ou les « nourrisseuses ». L'une d'elles, qui nourrit un nombre important de chats errants, explique son choix : « On a trouvé deux cents chats dans Bercy dans un état... Lamentable. Des négociants en avaient récupéré quelques-uns. Ils en avaient chacun au moins une quinzaine et les nourrissaient tant bien que mal. Un monsieur avait découvert cela bien avant nous et venait les nourrir. Un ouvrier portugais allumait un brasero dans le chai pendant l'hiver. Quand on a découvert ça, le brasero était allumé et une vingtaine de chats se chauffaient autour. On a voulu commencer par stériliser. On s'est presque battu avec le Portugais. »

Les « nourrisseurs » ne sont pas seuls à s'occuper des animaux dehors. D'autres le font, mais à l'occasion, et leur font concurrence. Les « nourrisseurs » traitent les seconds d'amateurs, de dilettantes. Mais la plupart des citadins, qui vont d'un lieu à l'autre, passants pressés dans la rue, ne remarquent pas la présence animalière. Même s'ils sont considérés comme des marginaux, le voisinage sollicite les « nourrisseurs » : à l'occasion du départ des enfants ou d'une rupture, certains voudraient se séparer d'animaux et ne savent à qui les donner. Mais d'après les « nourrisseurs », leur mission ne consiste pas à aider des gens, mais des animaux en détresse : « Je ne veux pas prendre le souci des autres. Les gens ont pris un chat, il faut qu'ils assument. »

La cohabitation du citadin et de l'animal ne va pas de soi. Les problèmes sont nés, d'après certains, à la suite de la transformation du milieu urbain, autrefois hospitalier. Des personnes évoquent « un âge d'or » où les animaux étaient intégrés dans la ville. Elles décrivent ce qu'elles appellent « une petite campagne » ou un quartier villageois à la morphologie précise. Leurs descriptions du passé idyllique de quartiers aujourd'hui transformés (Ménilmontant, Belleville à Paris, la Croix-Rousse à Lyon) vont même jusqu'au détail : la taille des portes d'immeubles, celle des poubelles. « Avant, les chats avaient des petites poubelles. Maintenant elles sont grandes, ils ne peuvent plus grimper dedans et les portes sont fermées. C'est tout du béton[4]. »

---

4. Ces propos font écho à ceux que relève Pierre Mayol et qui sont extraits de la double série d'entretiens qu'il a conduit à Lyon avec deux vieilles habitantes du quartier de la Croix-Rousse : « Lorsqu'on sortait de "la ficelle" sur le boulevard qui est très beau, large, avec beaucoup d'arbres, on respirait un meilleur air qu'en ville. Cela est une constatation absolument véridique et vérifiée. L'air y était plus pur et on se sentait immédiatement chez soi. Il y a certaines rues comme la rue de Cuire dont plusieurs maisons possèdent encore des volets de ferme. Il y a soixante, soixante-dix ans, c'était la campagne. Les maisons ont un aspect minable, vétuste, mais prenez la peine d'entrer dans l'allée et au bout du couloir vous allez trouver un beau jardin et souvent une autre petite maison coquette et jolie. Il y a beaucoup de jardins individuels à la Croix-Rousse et ce serait du vandalisme que de les détruire. » (*In* Michel de Certeau, Luce Girard, Pierre Mayol, *L'Invention du quotidien : habiter, cuisiner*, Paris, Folio « Essais », 1994, p. 178.) La disparition remarquée par les enquêtés de ces jardins est reliée à une préoccupation sur l'avenir de la vie animale dans le quartier ainsi modifié.

Chapitre 3

LE PROPRE ET LE SALE

Les discours au sujet de l'animal l'associent à la saleté, à la dégradation de l'espace habité. Différents termes sont utilisés : dégoûtant, pas propre, répugnant, pose des problèmes d'hygiène, désagréable, écœurant... Ces termes bien que proches ne recouvrent pas la même représentation de l'animal, ni ne qualifient le même animal. Mais, de façon générale, la cause principale de rejet de l'animal, et essentiellement de l'animal non désiré, est cette association à la saleté, au manque d'hygiène. Au sens propre, que le *Robert* définit comme ce « dont la netteté, la pureté est altérée par une matière étrangère, au point d'inspirer la répugnance, de ne pouvoir être utilisé de nouveau sans être nettoyé » s'ajoute un sens figuré. Le terme de « sale » ou de « saleté » définit alors un être ou un acte douteux, impur et souillé. On dirait que l'animal est, à la fois, considéré comme étant à l'origine de saletés dans la ville et, métaphoriquement, est une saleté lui-même.

La saleté est une construction sociale (Douglas, 1960). Des manières de vivre le propre se sont succédé dans l'histoire et côtoyées dans l'espace. À chaque fois, elles ont été vécues comme évidentes, en dépit de leur spécificité.

Aujourd'hui, dans le prolongement d'un système de valeurs qui prend place au XVIIIe siècle, existe un « propre de la ville ». La ville occidentale est devenue un lieu de la maîtrise du temps, de l'espace, des saisons. C'est un univers artificiel et maîtrisé duquel ont été chassés des phénomènes naturels : boue, excréments[1]... Notamment, ceux des animaux. Les espaces extérieurs, en Occident du moins, doivent être propres comme les appartements. La seule nature admise est la végétation. On verdit la ville : on la décore, on y met de la nature.

L'animal montre les limites d'une organisation socio-spatiale à usage humain. Non désiré, il est un intrus dans l'espace public et privé. Alors, on le considère comme sale. Désiré, il devient sale si son maître ne le maîtrise pas ou s'il agit, enfreignant les règles d'hygiène.

---

1. Pour Colette Pétonnet, « la ville occidentale est propre parce que cet univers artificiel, lieu par excellence de la domestication du temps et de l'espace, de la lumière et des saisons, est tendu depuis des siècles par l'effort de parfaire la maîtrise de la nature. Ont été successivement chassés l'eau stagnante, la boue, la neige, la poussière, les animaux et les déchets, vaincus le froid et la nuit. La ville est "verte" de sa végétation enclose, fleurie, chauffée, éclairée, et chaque jour toilettée par les jets d'eau à haute pression, les souffleuses, les aspirateurs et les balayeuses motorisées. Que signifie dès lors, cette insistance des édiles à prôner sa propreté, à la souhaiter plus grande encore ? Faudra-t-il savonner l'asphalte, aller jusqu'à l'asepsie, ou nettoyer en continu comme dans les aéroports ? L'injonction concerne plutôt le contrôle toujours plus puissant des affects : de la saleté émise par les voitures, on ne parle guère. Par contre les chiens de compagnie sont devenus intolérables, sauf à persuader leurs maîtres, par pression médiatique, de ramasser leurs déjections ; quant à la nourriture industrialisée qui se consomme de plus en plus dans la rue, il conviendra de s'interdire le geste libérateur de jeter l'emballage en marchant. Tout se passe comme si l'espace urbain se rétrécissait aux dimensions de l'appartement (d'où la souillarde a disparu), du chez-soi gardé net de toute souillure. Et s'attarder sur la propreté des villes, résolue en principe, sinon dans l'absolu, c'est peut-être comprendre que rien n'est définitif mais surtout ne pas voir que le problème s'est déplacé, élargi une fois de plus : ne pas désinfecter les rivières, tolérer les décharges au milieu des clairières, revient à vivre à nouveau trop près des immondices. Il n'y a plus d'espace sauvage ni à l'intérieur, ni à l'extérieur. » (« Le cercle de l'immondice, postface anthropologique », *Les annales de la recherche urbaine*, n° 53, décembre 1991, p. 108-109.)

En ville, on doit apprendre à l'animal un comportement respectueux des règles d'usage. Une jeune femme
s'occupe de gestion locative pour le compte d'un grand
organisme HLM. Avec des mots d'enfant, elle explique que
la question du « pipi caca » est un problème à l'origine de
tensions avec le gestionnaire et les autres locataires. Elle
récuse le fait que l'animal soit coupable. Il n'est pas question de l'interdire dans l'immeuble. Il faut l'éduquer et tout
d'abord, il faut apprendre au maître à le faire. Dans l'espace
de la ferme, les animaux sont traités comme tels ; on utilise
leurs capacités en les transformant en outils de travail. En
ville, on doit les éduquer comme des enfants pour qu'ils
s'intègrent dans la vie de la cité.

L'incapacité des citadins à respecter les règles de la vie
collective serait à l'origine de la saleté. Elle rend difficile la
gestion du bien commun, « les espaces urbains ». La responsable de la gestion locative explique : « Les gens ne
savent plus vivre en communauté, ils sont devenus très
personnels. » Ses paroles renvoient au constat fait par le
sociologue Alain Touraine : le sujet se replie sur lui-même
et ne se réfère plus aux valeurs collectives, mais à celles de
sa communauté d'appartenance ou groupes de référence.
Ce comportement envers la collectivité est mis en évidence
au travers de l'usage des espaces de la ville. On n'hésite pas
à jeter au-dehors de chez soi, y compris dans les espaces
communs de l'immeuble, des ordures, des papiers. Au sujet
du sale et du propre, espace extérieur et espace privé n'ont
pas la même valeur.

Mais souvent, l'association animal/saleté est vécue de
façon plus immédiate. La saleté n'est plus symbolique,
elle devient concrète, s'incarne dans la crotte de chien :
« Beaucoup de gens promènent leurs chiens dans le quartier. Je trouve cela gênant ; cela salit énormément les
trottoirs. » Les propriétaires de chiens et ceux qui n'en
ont pas s'affrontent autour des excréments. Si, parmi les
premiers, aucun n'avoue laisser son chien faire hors du
caniveau, les seconds se représentent comme des gens

vertueux. Tous sont conscients de l'animosité suscitée et de l'embarras créé. Au-delà des pratiques réelles, personne ne veut être de ceux qui salissent les trottoirs. Mais les uns comme les autres estiment nécessaire de contrôler la présence des chiens, ce qui ne veut pas dire l'interdire en ville. Cependant, les règles d'usage de l'espace public comme bien commun doivent être précisées et renforcées.

Aussi, le pigeon salit et « dégrade les bâtiments ». Il s'agit de « pollution », explique une jeune femme qui utilise ce terme dans son acception ancienne[2]. Elle rejette l'animal, comme tous les citadins. Cependant, il n'est pas question de débarrasser la ville des pigeons, encore moins de chasser les oiseaux. Même si les espèces aviaires admirées, liées à l'idée du beau, de la nature, provoquent des nuisances à l'origine de plaintes. Ils dégradent l'habitat, au point de nécessiter de coûteuses interventions municipales.

Cette relation de l'animal au sale est aussi vue comme un fait culturel. Un homme, technicien et syndicaliste dans un organisme de recherche, propriétaire d'une trentaine de chats, explique que la pratique religieuse de ses voisins est à l'origine de difficultés : « J'ai des voisins juifs. Ils disent non : on ne peut pas supporter les animaux, c'est impur ! Un jour, un chat est passé chez eux, on aurait dit que le diable était passé. Ils m'ont fait des histoires ! Selon eux, cela dégageait une puanteur intolérable qui les empêchait de manger sur leur terrasse. Ils ont décidé que l'animal, c'était diabolique et qu'il puait... J'ai des accrochages souvent. Je suis leur bête noire, un être abominable et démoniaque parce que j'ai des chats. » Fait culturel qu'il faudrait surmonter, explique une personne d'origine juive marocaine, que l'animal dégoûte au point qu'elle ne supporte pas

2. Le verbe polluer est emprunté au latin *polluere*, « salir, souiller ». Le sens moderne, différent de l'acception concrète de salir est « souiller » (un milieu naturel) par une action technique, industrielle.

ses déjections et le fait qu'il ne parle pas : « On ne faisait pas rentrer aisément des animaux... Mon père a toujours dit que les animaux, c'est sale. Moi aussi, j'ai le sentiment que c'est sale ! » À cette saleté de l'animal, elle associe sa domesticité : « Le chat me dégoûte moins, car il n'est pas servile. La servilité du chien me dégoûte. Je fais un amalgame entre une certaine crasse physique et mentale. » Dégoût que des membres de sa famille ont réussi à surmonter.

Cela témoigne d'un autre sens figuré de la saleté, lié au sens premier. Est sale ce qui n'est pas à sa place. La miette sur la table n'est pas sale. Au sol, elle devient une saleté ; elle le rend sale. De même, dans les représentations, la domestication est un usage qui dénature l'animal. Il devient une saleté. L'animal devient un des éléments de l'organisation sociale. Il n'est plus à sa place d'animal, dans la nature.

L'animal est sale : il contredit l'hygiène (*Petit Robert* : « ensemble des principes et des pratiques tendant à préserver, à améliorer la santé »). Il est vecteur de maladies et malade lui-même. L'animal identifié comme dénaturé est aussi celui qu'on dit malade. Il serait malade à cause du milieu dans lequel il vit. C'est le pigeon : « Les pigeons parisiens ont des plumes dégueulasses, des espèces de moignons. Et ils sont sales. Ce n'est pas un animal qui se lave. » L'animal en ville n'est pas à sa place ; elle est dans la nature. Il se transforme du fait de vivre en ville, est dénaturé. Certains citadins expliquent : « La ville salit l'animal. »

Curieusement, bien que le chat soit vecteur de maladies, de zoonoses, il est peu représenté comme tel. Au contraire, il bénéficie, même s'il est objet de conflits dans le cadre de la gestion d'un immeuble ou de l'usage collectif d'espaces où il est nourri, d'une image positive. « Pour le chat errant, j'aurais l'attitude que l'on a pour les clodos. Ils n'ennuient personne. Ils sont un peu cras-cras, mais c'est un animal qui a une hygiène assez visible », dit une jeune femme qui a peur des pigeons et pour laquelle les questions du sale et du propre sont essentielles. Par contre, de nombreux citadins sont sûrs que le pigeon transporte des maladies. Les uns retiennent leur respiration à proximité d'un envol de pigeons, les autres imaginent microbes et bactéries : « Un vol de pigeons est pour moi un vol de bactéries. Je ne respire plus quand je croise des pigeons qui me volent dessus. » Enfin, une vieille femme relate que des poux de pigeons l'ont infestée, elle habitait sous les toits : « J'étais allongée et je regardais le plafond quand j'ai vu toute une file de poux transparents de pigeons. Je me suis dit : c'est ça qui me dévore ! »

La blatte est représentée comme un vecteur de maladies, mais symboliquement. Les gens n'imaginent pas, comme pour le pigeon, qu'elle transporte des microbes et des bactéries. Ils n'utilisent pas ou peu le mot de maladie pour qualifier le danger qu'elle représente. Ils font de l'animal lui-même le signe de la mort, de la maladie : « On imagine une coccinelle avec une personnalité, une histoire, mais pas le cafard, car c'est tabou : il est porteur de mort ! »

Pourtant, des écologues ont montré le risque relativement important que la blatte comporte pour la santé. On se demande à quel point son rôle sur le plan symbolique contribue à éluder celui sur le plan biologique. Ces spécialistes des sciences de la vie écrivent (Rivault, Cloarec, 1999) : « On sait depuis longtemps que la présence de blattes peut avoir des risques pour la santé publique. Elles peuvent disséminer des agents pathogènes, car elles transportent de manière passive des bactéries, des vers, des champignons, des virus et des protozoaires qui peuvent causer par exemple des empoisonnements alimentaires et autres formes d'infection (Roth & Willis, 1957). Dans la mesure où les blattes ne sont pas un vecteur obligatoire pour ces espèces, leur rôle exact dans la dissémination d'agents pathogènes est rarement défini avec précision. Cependant (Rivault et al.,

1993), les blattes peuvent contaminer la nourriture, en y déposant des bactéries qu'elles transportent passivement. Leur habitude de se nourrir aussi bien sur les fèces humaines que sur la nourriture de l'homme est une bonne indication de leur potentialité à transmettre des maladies et par voie de conséquence, avoir un rôle sur la santé. La présence de blattes peut déclencher des allergies, des problèmes respiratoires ou des formes d'asthme, des éruptions cutanées ou de la sinusite chez certaines personnes sensibles, qui semblent être de plus en plus nombreuses. Dans ce cas, les défenses immunitaires ont une réaction disproportionnée face aux particules de cuticule de blattes et de fèces en suspension dans l'air. Ces réactions s'aggravent en général avec le temps. Actuellement, environ 15 millions d'Américains souffriraient physiquement de la présence de blattes. De plus, la présence de blattes provoque l'apparition de pratiques variées qui peuvent avoir des répercussions sur la santé. Ces bêtes peuvent déclencher des phobies qui impliquent la peur irrationnelle et incontrôlée d'insectes en général et des blattes en particulier. Les réactions vis-à-vis de cet insecte peuvent aller jusqu'au délire de parasitose ou de cleptoparasitose, ces personnes pensant voir des blattes partout chez elles et sur elles quand en fait, il n'y en a pas et qu'il n'y en a jamais eu. » (Grace & Wood, 1987 ; Weinstein, 1994.)

Les animaux sont sales du fait de ce qu'ils mangent. La relation saleté/nourriture est ancienne et on l'observe pour le cochon. Le pigeon, la blatte et le rat vivent de nos déchets et sont sales. Ce sont des éboueurs. Ils pourraient être représentés comme des animaux utiles. Ils ne le sont pas. Dedans, il ne devrait pas y avoir de déchets sur le sol. Ils devraient se trouver dans la poubelle. Ces animaux ne sont pas utiles à l'extérieur qui devrait être régulièrement nettoyé. Il y a des décharges. Sinon, l'animal fait remarquer la saleté des rues, des places. Aussi, on a une sorte de mépris pour l'animal qui vit des déchets. Il le fait aux dépens de son autonomie à l'égard de l'homme. Il profite de ce qui est jeté, désormais sans valeur pour les sociétés humaines. « Ça me gêne plus chez les pigeons que chez les cafards qu'ils soient les éboueurs de la ville. Ils se précipitent sur n'importe quel bout de barbaque sur lequel sont passées quinze voitures, et puis je n'aime pas leur côté grégaire. » On leur oppose une autre espèce de pigeons, les ramiers, qui seraient plus beaux. Ils n'iraient pas prendre le pain des vieilles dames. Ils mangeraient des vers. Ils se nourriraient indépendamment de l'homme, et d'animaux. Ils respecteraient un ordre naturel.

Le moineau profite de la distribution de pain. Pourtant, il est un animal aimé. On ne dit pas qu'il est sale. Son aspect « plus joli », son comportement dit « plus sauvage » l'expliquent peut-être.

La saleté de l'animal oblige à des pratiques ménagères. Quand elles ne sont pas une solution, les habitants deviennent perplexes. Une citadine a un rapport limité aux blattes. Elle n'associe pas l'animal à l'idée de mort ou à un dégoût extrême. Avant tout, il est un problème dans l'exercice de son métier : elle élève de jeunes enfants. Elle confie : « Même si vous en voyez une, il y en a d'autres. Une, c'est le commencement. Pourtant, derrière ma gazinière et le frigidaire, il ne devrait pas y en avoir, je nettoie tout souvent… D'où ça vient, et comment c'est arrivé, alors là je n'en sais rien. »

La saleté de l'animal transforme les habitudes, conduit à d'autres pratiques. Avec des cris, on chasse le pigeon du balcon, voire autrement ; on ne nourrit pas les oiseaux par peur du pigeon qui s'installe. On enferme la nourriture dans des boîtes : « C'est sale ! C'est comme les poux sur la tête, une tête propre n'en a pas, un appartement qui n'a pas de bestioles, c'est logique. »

La saleté est aussi celle que représente l'animal. La blatte est une saleté. Ce rejet touche l'entière classe des insectes, et encore plus les espèces qualifiées de nuisances, associées à l'excrément (mouches). Au sujet de la blatte, on s'attache à l'aspect de l'animal et au terme qui le qualifie dans le langage commun. « Le cafard, je le place dans la saleté, je suis dans la pensée commune. Je suis même écœurée par le cafard. Au travers du cafard, tu te sens cafard, il te ramène à quelque chose. Le cafard, ça se résume assez à avoir le cafard. Ça te ramène à des moments cafardeux de ton existence. Tu n'as qu'une envie, c'est de l'écraser. »

Aussi, la saleté est celle des habitants de l'immeuble et de son gestionnaire. Les habitants des tours de la ZUP sud de Rennes ont le sentiment que la blatte est présente à cause de la saleté des bâtiments : « C'est une bête qui aime la crasse. Dans les appartements à peu près propres, elle ne reste pas. » Saleté associée aux comportements irresponsables : « Il n'y a aucune hygiène ! Il y a une odeur ! Ce sont les gens car les HLM font ce qu'ils peuvent. Si leurs appartements sont pareils que les escaliers, ça ne doit pas être triste. » L'image négative du quartier permet à une locataire d'identifier les blattes. Elle sait que dans les milieux comme celui-ci, il y en a. Blattes, saleté, déliquescence de l'habitat et réputation de la ZUP forment un tout. « Je n'avais jamais vécu dans un milieu comme ici. On vivait dans un milieu privilégié. Au départ, j'associais ça à la saleté, mais c'est répugnant... »

C'est l'une des rares à réfléchir aux aspects concrets de la relation blatte/saleté : « On n'a pas peur, quand on voit quatre mouches dans sa cuisine. On voit quatre blattes dans sa cuisine et l'on panique tout de suite. Penser que c'est sale, non maintenant je sais que ce n'est pas sale... Mais si, c'est sale quelque part : on voit toujours des petites crottes... » Autrement, l'association blatte/saleté est d'une telle évidence, on ne peut avoir de curiosité pour l'animal. La blatte inspire de fausses, sinon de folles interprétations. Elle viendrait dans les endroits vides, que l'homme a quittés. On sait, au contraire, grâce aux écologues, qu'elle est présente dans les espaces habités. « Quand on est là, le cafard est en très petite quantité, mais on sent parfaitement bien que si on s'en va, il arrive. » Très peu de citadins s'intéressent à l'animal, sa biologie, son écologie. Aucun ne consultera un dictionnaire, un livre le concernant, sinon pour apprendre à s'en débarrasser : « Comment ils vivent, cela ne m'intéresse pas... Cela m'intéresse à partir du moment où l'on sait comment les détruire. »

Les écologues ont travaillé sur le lien entre la présence de blattes et la saleté. Ce dernier terme a été objectivé en évaluant le nombre de miettes et autres débris au sol. Ils nous apprennent que blatte et saleté ne sont pas liées : « Les variables présence/absence de blattes et propreté varient de manière indépendante. Ainsi l'augmentation du nombre d'appartements très sales ne favorise pas une augmentation du nombre d'appartements où les blattes sont présentes ; mais, lorsque des blattes sont présentes dans un appartement, l'augmentation de la saleté favorise le développement de ces populations jusqu'à la pullulation. Les infestations n'ont rien à voir avec l'état de l'appartement où elles ont lieu. Dans la mesure où un appartement est habité, il y a de la nourriture, il représente une zone potentielle pour l'établissement d'une population de blattes. La présence de blattes est souvent associée à la saleté (Bennett & Owens, 1986), mais nous l'avons vu, ce n'est pas exact, seule la taille de la population de blattes est liée à la saleté. Un appartement sale ne va pas forcément être infesté de blattes et un appartement propre peut être infesté. La saleté dans les appartements favorise les densités importantes de blattes, mais elle ne joue pas sur leur présence/absence. »

Deux logiques de pensée se distinguent : la pensée commune et la pensée savante. Dans cette dernière, la blatte n'est pas associée à la saleté tandis qu'elle l'est pour les citadins. Les scientifiques retiennent l'aspect concret de la saleté dans l'espace de la maison. Les citadins vont définir la blatte comme une saleté, aussi sur le plan symbolique. Pour comprendre les représentations de la blatte, on doit la penser en interaction avec son milieu, comme un tout, mêlant l'idéel et le matériel [3].

---

3. Nous empruntons ces termes à Maurice Godelier, *L'Idéel et le matériel*, Paris, Fayard, 1984. Godelier critique le modèle de société qu'analysent les sciences sociales, à l'époque : son fondement serait matériel ; idées et idéologies la reflèteraient de façon déformée et partielle. Il dit : « Nulle action matérielle de l'homme sur la nature, entendons nulle action intentionnelle, voulue par lui, ne peut s'accomplir sans mettre en œuvre, dès son commencement, dans l'intention des réalités « idéelles », des représentations, des jugements, des principes de la pensée, qui, en aucun cas, ne sauraient être seulement des reflets dans la pensée de rapports matériels nés hors d'elle, avant elle et sans elle. » Si nous utilisons aujourd'hui ces termes, alors que, de nouveau, les sciences sociales s'intéressent aux représentations, c'est pour répéter la nécessité qu'il y a de relier les faits matériels aux pensées, les pratiques aux représentations, pour comprendre comment l'être humain agit. Il ne saurait être question de s'intéresser seulement aux représentations qui, on le verra dans le cas de la blatte, ne mettent pas en évidence les pratiques réelles.

Chapitre 4

LA VILLE ENVAHIE

L'association animal/saleté contribue au sentiment « d'invasion animale ». Les citadins sont « envahis ». Tel est le terme utilisé. Son emploi (le *Petit Robert*) renvoie directement, en ce qui concerne l'animal, à son nombre. Il signifie : « se répandre en grand nombre dans un lieu de manière excessive ou gênante ». Cela concerne la reproduction de l'animal, sa prolifération. Deux qualificatifs lui sont accolés : « excessif » ou « gênant ». Ils renvoient à la question du « seuil de tolérance » : quel nombre d'animaux devient excessif ou gênant ? Ce seuil est culturel. Il importe de comprendre son mode d'appréciation. Le dictionnaire aiguille sur deux des motifs qui conduiront à porter plainte pour se débarrasser de l'animal. Selon les lieux et les espèces, l'animal est en nombre gênant.

Parmi les envahisseurs, on distingue les animaux qu'on ne peut individualiser : ils échangent peu avec l'homme ou ont un comportement grégaire. Ainsi, la blatte est représentée comme un tout. Une blatte contient, dans l'idée, les autres. Le pigeon est rarement un individu. Parfois, on distingue ceux d'aspect sain des autres. Le rat peut être individualisé. Il devient un animal familier. Le plus souvent, on en parle avec l'idée du groupe, de la « horde », du fléau. Ces mêmes termes décrivent les invasions barbares dans les manuels scolaires. Au point que c'est un lieu commun : « le fléau d'Attila », la horde barbare...

De nombreux habitants considèrent que nourrir les animaux contribue à leur prolifération, d'où l'ambiguïté des rapports avec les nourrisseurs. Certains, même, ne veulent jamais donner de miettes aux oiseaux. Ils ont peur du pigeon. Celui-ci est dit particulièrement envahissant. Une jeune femme, locataire au cinquième étage, explique qu'elle ne les nourrit jamais. Le risque est alors de les voir se multiplier. Déjà, ils sont bien trop nombreux en ville. Quels que soient les lieux, les pigeons dérangent, sont répugnants et le fait de les nourrir mal perçu. On voit cet acte comme un substitut affectif. Des vieilles personnes compensent leur solitude. Solitude insuffisante, au regard de leurs concitoyens, pour justifier une pratique qui pose des problèmes dans la gestion de la vie collective. Ainsi, un gardien d'immeuble en juge : « C'est joli, papy et mamy assis sur un banc en train de donner à manger aux pigeons, mais il y a toute la gêne occasionnée par ces petites bêtes qui détériorent. » Alors, le pigeon n'est pas seul en cause, mais ses excréments.

Le nombre de pigeons joue un rôle important. Ils sont grégaires et l'animal désiré est un individu. Il peut se trouver dans de petits groupes. Le chat, par exemple, même au sein de petits groupes, est reconnaissable. Les nourrisseurs lui donnent souvent un nom. Il peut être nourri sans que cela soit perçu de manière négative, s'il est pris en charge.

Le terme « envahir » connote bien la valeur négative de l'animal. Il perturbe. Il est vécu comme une nuisance. Les « nuisibles » forment même une catégorie spécifique. Le statut de nuisible peut, dans le cas de la blatte, faire oublier celui d'animal. Quand l'animal dérange l'ordre de lieux dédiés à des fonctions, où il n'est pas prévu, il envahit et devient une nuisance.

Le rat aussi inspire la peur : cela ne va pas jusqu'au rejet. Les rats vivent en sous-sol et ne sont pas en contact avec les citadins. On pense que les rats sont intelligents, qu'ils ont une vie parallèle à celle des humains. Ils vivent en horde et sont organisés : « Où j'habitais, une horde de rats avait déferlé, elle n'a jamais franchi la rue pour venir infester nos caves, nos appartements. C'était un fléau, ça se savait dans tout le quartier. » Comme la blatte, on les suppose capables de survivre à un cataclysme. Leur nombre indéfini contribue à l'idée cauchemardesque que l'on s'en fait. Il les transforme en une matière sans forme. L'individu a une morphologie caractéristique. L'évocation de leur horde fait imaginer une « nappe » de rats, l'écoulement de l'eau, semblable à celui de la vie qui continue, en dépit des individus.

Du côté des oiseaux, les moineaux sont valorisés et beaucoup de citadins imaginent que leur nombre diminue. Information que confirment les ornithologues. Même en groupe, ils ne sont pas considérés comme une gêne. Ils ne sont pas aussi gros que les pigeons et sont plus farouches. Leur couleur n'est pas grise comme le bitume.

D'autres oiseaux sont bien acceptés. À condition de ne pas habiter trop près d'un de leurs regroupements. Leur accroissement en nombre ou leur trop grande proximité présente un caractère inquiétant. Ils peuvent être à l'origine de plaintes [1]. Les propos confirment qu'il s'agit d'envahissement, mais le terme lui-même n'est pas toujours prononcé. Avant tout, on se plaint de leur saleté ou de « salissures » : il vaut mieux ne pas laisser sa voiture garée sous un dortoir d'étourneaux, et du bruit. Leur bruit peut être jugé agréable : « c'est un bruit chantant ». Il devient, quand on en est proche et que le nombre d'oiseaux est trop élevé, une nuisance. Pour des citadins, les oiseaux sont de passage en

---

1. Voir Philippe Clergeau, Delphine Esterlingot, Jacques Chaperon, Christophe Lerat, « Difficultés de cohabitation entre l'homme et l'animal : le cas de concentration d'oiseaux en site urbain », *Natures, sciences, sociétés*, n° 2, vol. 4, 1996, p. 102-116.

ville : « Ils repartent le matin ; Je ne crois pas que ce sont les mêmes le lendemain. De toute façon ils ne restent pas tout l'hiver ! »

Les citadins ne distinguent pas d'individus parmi les blattes et ont, plus encore, le sentiment d'être envahis. On dit les blattes indestructibles. Pour ne pas être envahi, en venir à bout, on doit faire preuve de vigilance. « J'ai vu des gens proches les combattre : c'est une angoisse ! Ça ne meurt jamais vraiment. C'est l'impression d'être envahi. C'est charognard : tous les déchets que font les gens, ils en profitent. C'est lié à la négligence, si l'on n'est pas vigilant sur le fait qu'il y ait un ou deux cafards, la semaine suivante, on se retrouve avec cent. »

À l'idée d'être envahi, on associe l'espèce de l'animal, mais aussi le type du lieu. La blatte est liée à un modèle de construction architecturale. Il doit y avoir des tuyaux. Aussi, sa présence est liée au déroulement des saisons. L'été est une saison chaude et une période de forte reproduction, dans les représentations communes. Les écologues infirment ces idées. Ils montrent que la blatte d'appartement ne connaît pas de période de reproduction. Celle-ci se déroule toute l'année.

Une femme compare ses modes d'habiter rural et urbain. Elle sait que le nombre d'animaux n'explique pas seul le sentiment d'être envahi. Il y avait, dans sa maison de campagne, plus d'araignées. Elle ne ressentait pas ce qu'elle ressent avec les blattes. Celles-ci « grouillent ». Elles sont présentes « le soir dans la cuisine quand on a envie de boire un verre d'eau : on en voit sept ou huit ». Les insectes gênent, en particulier les cafards, « ils envahissent notre territoire ».

L'invasion animale est plus celle d'oiseaux ou d'insectes que de mammifères. Parfois, le chien est concerné. « Il y a des chiens qui sont assez agréables, sauf dans la tour, là, où c'est envahi. » Avant tout, l'emploi du terme « envahi » est associé à l'idée de la perte de la maîtrise de l'espace, à son occupation abusive et perturbatrice. Dans le cas du chien, c'est l'homme qui est en cause. Il est à l'origine du nombre de chiens en ville. Sa prolifération n'est pas due à sa reproduction, mais à un ensemble de choix individuels et familiaux. On pointe du doigt une société urbaine touchée par la solitude et le mal-être.

Chapitre 5

UN ENJEU DE SOCIÉTÉ

Des citadins, nombreux, regrettent l'importance de l'animal dans la vie de la cité, aujourd'hui. Elle dénote la pauvreté du lien social dans les sociétés urbaines occidentales, sinon la perte de sociabilité. On pointe du doigt les citadins très proches d'un animal de compagnie. Ou les militants pour la protection de l'animal. Opposés à ce discours, d'autres citadins. Il y a, en jeu, la distance entre homme et animal et la place de l'animal désiré et donc, le mode d'exploitation et de préservation de la nature et de l'animal. Les premiers mettent au centre l'homme et veulent que l'animal soit traité comme tel. Cela suppose de définir sa place. Sinon, on jugera sa domestication excessive, « dénaturante ». Les seconds préconisent un égal respect envers l'ensemble des vivants.

Les discours au sujet de l'animal désiré en ville montrent ce conflit. Certains désignent les propriétaires d'animaux familiers, en les dévalorisant. Discours à caractère moral. On accorde trop d'attention aux animaux aux dépens de l'être humain : « Tout ce tintouin pour une bête ! On se dit qu'il faut privilégier le rapport avec les personnes. On a beau jeu de faire guili-guili avec une bête. On ne communique pas... On joue tous les rôles... »

Ces tensions sont plus affirmées en ville et le rapport à l'animal choisi est plus problématique qu'à la campagne. L'animal dans les sociétés agricoles ou pastorales est un outil de travail et contribue à la production alimentaire. Son rôle en ville est lié à l'usage que chacun fait de l'animal. Il n'entre plus dans un processus de production ; les animaux utilitaires ont été repoussés en dehors de l'espace urbain, depuis le XIXe siècle [1].

Aux yeux des critiques, une juste distance permet à l'animal de conserver un statut d'animal, d'être « considéré comme un animal ». On doit respecter ses besoins, différents de ceux des hommes. Les propriétaires d'animaux sont accusés d'anthropomorphisation. Les comportements où homme et animal sont traités de façon semblable – seraient-ils des égaux ? – sont la cible préférée. Ainsi, quand l'animal dirige la maisonnée ou mange dans la même assiette.

Aussi, d'autres comportements. Les femmes maternent leurs chiens ou chats : même aux yeux des femmes avec des chiens, il s'agit d'un besoin de materner ; le modèle de la mère est bien ancré dans les esprits. Les hommes, eux, affirment leur pouvoir sur le chien, généralement gros. Ces comportements définiraient l'un et l'autre sexe et même un mode d'habiter : ville et solitude urbaine sont associées aux femmes ; à l'homme revient le pavillon de banlieue. Un homme âgé, habitant un ancien immeuble locatif dans un quartier central de Paris, caractérise comme une amazone « une jeune femme superbe qui a acheté une chienne. C'est un bâtard de chien-loup massif ». Un homme qui nourrit

---

1. Cette différence va de pair avec celle, décrite par Henri Lefebvre : « La division sociale du travail entre la ville et la campagne, écrit-il, correspond à la séparation entre le travail matériel et le travail intellectuel, et par conséquent entre le naturel et le spirituel. À la ville incombe le travail intellectuel : fonctions d'organisation et de direction, activités politiques et militaires, élaboration de la connaissance théorique (philosophie et science). »

les chats est traité d'homosexuel. On pense que les vieilles dames n'ont plus de relations sociales, « la seule occasion qu'elles ont de sortir est de promener les chiens ». Les critiques dénoncent la misanthropie liée à ces rapports homme/animal, ou encore, la bestialité, et même la confusion des genres : peut-on être la « maman » d'un chien ?

Des figures urbaines sont décrites à gros traits, caricaturales. Elles fonctionnent comme des modèles de la relation homme/animal. Un homme explique : « Certains rapports avec les chiens m'énervent tout autant : par exemple, le petit chien à sa mémère archi-couvert de petites doudounes douillettes... » Les dames aux bichons blancs comprennent leur image sociale et l'intègrent dans leur comportement.

Les propriétaires d'animaux ont un regard moins dur. L'animal n'est pas un substitut d'enfant : eux-mêmes ont souvent des enfants. Ils imaginent que les gens avec un animal ont « le cœur moins sec ». Un appartement où ne se trouvent ni plantes ni animaux montre la sécheresse sentimentale de son occupant : « J'ai des poissons, des tortues : je dis qui n'aime pas les animaux, n'aime pas les gosses ! » Une jeune femme habite une petite maison à Lyon. Elle a toujours possédé des chiens, des chats, même des lapins : « J'ai plus d'affinités avec les gens qui aiment les animaux qu'avec ceux qui ne les aiment pas. »

Les critiques proviennent de personnes d'origine et de milieux très divers. À la campagne, une citadine d'origine, sans animaux, découvre que les chats dorment dehors, nuit et jour. L'animal a une fonction. Outil de travail dans une ferme, en ville, « l'animal est plus proche de nous : il a peut-être une place qu'il ne devrait pas avoir ». Pour elle, les rapports sociaux en milieu rural rendent les gens plus solidaires, plus proches les uns des autres. En ville, l'animal prend la place du compagnon ou du voisin. Elle idéalise la campagne, décrit une vision bucolique. Les relations sociales étaient meilleures, il y a un temps, en ville. Elle raconte son enfance dans un immeuble populaire de

Paris : « On connaissait tout le monde dans l'immeuble. Aujourd'hui, il n'y a pas de relations de voisinage. Dans les communautés africaines, la famille du dessus n'a pas assez à manger, la famille du dessous va faire un peu plus de riz. »

Au contraire, une citadine d'origine rurale habitant une maison à Paris juge sévèrement ses concitoyens. Le couple citadin-animal, du côté de l'excès, montre l'état pathologique des sociétés occidentales. Les propriétaires se confondent avec leur chien. Impossible de critiquer un chien ou de demander qu'il soit en laisse. Autant s'attaquer au maître : « Aux Buttes-Chaumont, je demandais aux gens d'attacher leurs chiens : ils me disaient, mais vous vous courez bien ! » Le chien représente son maître et possède une nationalité : « Les gardiens antillais des Buttes-Chaumont que je connais se sont entendu dire : mon chien est plus français que vous ! » Ils sont aussi des armes. Le pitt-bull est une extension dangereuse du corps de son propriétaire.

Celui-ci autorise le chien à courir, jouer, crotter sur les trottoirs : ce qui atteint à la liberté d'autrui. Une personne n'a que « soi » pour investir l'espace commun. Le propriétaire a son chien, en plus. Ses excréments répandus sur le trottoir manifestent son mépris à l'égard d'autrui. « Quand je vois une crotte de chien, je dis : c'est le chien d'un salaud. » Pour un homme, ce problème est culturel. Les Américains le gèrent, en harmonie. Un Français avec un chien ne supporte pas qu'on lui conseille le caniveau. Doué d'esprit civique, l'Américain aura pris soin de ramasser les crottes. « Jamais un Français se compromettrait au point de ramasser la crotte de son chien. C'est l'absence de sens citoyen du Français. » Les gens de culture française ont du mépris pour l'animal. Ils ne le respectent pas, ni ses besoins : ils vont tirer sur la laisse, aux dépens de son bien-être. Ce que ne ferait pas un Américain.

Par contre, le chat a une image positive. Il est plus rarement identifié comme un prolongement de la personne qui s'en occupe, sauf à l'intérieur d'un même immeuble. À la différence du pit-bull avec lequel on se sent en danger ou des crottes de chiens qui obligent à composer avec le geste du propriétaire, le chat ne constitue pas une menace, ni n'empiète sur l'espace d'autrui. Souvent, il n'est pas vécu comme le chat d'une personne, mais comme un chat indépendant. Y compris par ceux qui les nourrissent et occupent ainsi leur solitude : « Il y a beaucoup de personnes seules qui ainsi s'occupent de quelqu'un, vont chercher une boîte pour quelqu'un... » Chacune des parties, homme et chat, en retire un profit et leur autonomie respective est préservée. Pourtant, des citadins critiquent cette façon d'agir. Elle ne respecterait pas les besoins des animaux des villes déjà suralimentés. Les nourrir revient à les considérer comme des poupées, des bricoles : « Ça ne respecte pas le minimum à respecter des conditions de vie de cet animal. » L'humanisation de l'animal deviendrait excessive, « dénaturante ».

L'animal est jugé trop proche du citadin. À son tour, il est représenté comme indifférent, sinon aveugle à ses véritables besoins. L'animal n'a pas besoin d'être considéré comme une personne, ni de se substituer à un manque. Ce faisant, l'individu exprimerait un désir de pouvoir. Pouvoir qu'il ne peut réaliser en d'autres lieux. En vérité, cette relation met en évidence l'arrogance doublée de violence de l'homme vis-à-vis de l'animal. Qui s'apparente « au comportement envers d'autres êtres humains ; le Noir et le Marocain ne doivent pas être loin du chien... » Ce qu'une habitante exprime de manière radicale : « Avec les chiens, c'est le même rapport qu'avec le bon vieux nègre : c'est quelqu'un qui te doit tout. Il n'y a pas de vrai échange, car ce n'est pas vraiment un autre ! »

Ces critiques sont des jugements moraux et ceux qui les émettent se montrent perplexes quant à la place que tient l'animal dans leur vie sociale. Ainsi, avec ce citadin, on peut se demander pourquoi l'animal est un facteur de lien social ? Cela concerne surtout le chat et le chien, animaux familiers.

Cet homme d'une quarantaine d'années, d'origine espagnole, décrit le chat Léo comme le vecteur de relations de voisinage. Il est même devenu un « bien commun » pour les habitants des maisons de cette allée privée. À l'origine ouvrières, elles sont aujourd'hui destinées à des intellectuels, professeurs et professions artistiques ou para-artistiques : « Quand nos voisins nous rendent visite, on parle du chat Léo. Pour meubler une conversation, on parle de ce qu'il a fait dernièrement comme on parlerait du voisin, de la voisine. C'est l'animal familier du passage. » Dans ce cas, le chat crée « un cercle de convivialité ».

L'animal, comme être vivant et animé, s'associe à des comportements spécifiques. On s'inquiète de son bien-être, tout au long de sa vie : « on peut demander des nouvelles ». Il change, il évolue. Ce n'est pas vrai d'un objet. Pourtant, on ne choisit pas un animal pour se créer des relations. Comment expliquer, alors, que des personnes se rencontrent autour d'un animal ? Les citadins identifient des types de rapports homme/animal, parfois les nomment : la mémère à chien, etc. Ils sont considérés significatifs de l'individu impliqué. Une personne peut estimer qu'il y a des affinités avec une autre ayant le même type de relation. Le rapport à l'animal fonctionnerait comme un signe d'identification des personnes. Il permettrait à d'autres d'établir des liens, alors qu'en milieu urbain, peu d'occasions sont ménagées pour les rencontres. C'est le cas des personnes âgées ou seules, en particulier. L'animal et le rapport qu'on a avec lui seraient comme un vêtement, un signe identitaire.

Cela implique une forte identification de l'homme à l'animal familier ; également, un rapport aux lieux dans lesquels on vit qui nécessite ce signe identitaire. Cela explique, entre autres, pourquoi l'étude du rapport citadin/animal ne peut être dissociée de celle des lieux, des personnes qui cohabitent avec lui. De fréquentes observations sont faites concernant la similitude entre l'animal, notamment, le chien et son maître. De plus, parler de son animal avec d'autres, n'est-ce pas discuter de soi, alors qu'on peut difficilement partager sa vie intime ? Pour certains, il est plus aisé de discuter de son chien que de soi. Peut-être, il y a un lien entre l'évolution des échanges sociaux et l'importance de l'animal dans ces échanges. Il finit, dit un homme éducateur de rue, par prendre plus de place dans la famille, que les enfants. Ce qui montrerait la perte de sociabilité des sociétés, aujourd'hui : « Certaines familles françaises ont des réticences pour envoyer leur enfant chez le médecin parce que c'est trop cher et paient à leur chien le vétérinaire... Qu'est-ce que représente l'animal de compagnie au sein d'une famille ? »

En dépit de sa colère, ce citadin ne prend pas au sérieux l'animal. Ni aucun citadin. Le rapport homme/animal serait significatif, mais peu important en soi. Des personnes incapables d'avoir de vrais échanges dans le cadre de relations sociales combleraient ainsi ce manque. Il ne juge pas ces personnes sympathiques : « Le chien joue le rôle de l'enfant dans les échanges dans la rue : c'est un prétexte à communiquer. Mais il y a différents niveaux de sociabilité ! »

Très clairement, sa compagne trouve des limites aux échanges au sujet des animaux. Cela revient à ne pas s'investir dans la vie de la cité[2]. Les gens qui défendent l'animal ne se mobilisent pas pour des hommes, pour les étrangers qui sont traités comme des bêtes : « Quand les Algériens ont été expulsés comme des bêtes et dispersés, on était combien à se mobiliser dans le quartier ? » Ils sont même identifiés comme des racistes : « Quand je parle de nettoyer, je parle des merdes, d'autres ce sont des Arabes. »

---

2. Cette critique commune à beaucoup de citadins rejoint celle, formulée par Henri Lefebvre, qui revient à opposer « besoin de nature » et exigence vis-à-vis de la vie sociale en ville : « Cheminement étrange, disons-nous : la nature entre dans la valeur d'échange et dans la marchandise ; elle s'achète et se vend. Les loisirs commercialisés, industrialisés, organisés institutionnellement, détruisent cette "naturalité" dont on s'occupe pour la trafiquer et pour en trafiquer. »

Elle pense que ce désengagement politique est le propre d'une catégorie de citadins.

La campagne, pour elle, ne constitue pas un milieu rêvé, mais un milieu vécu. Son père était petit artisan en Franche-Comté. La sociabilité en milieu rural, à une époque déjà ancienne, est prise comme référent : « Les gens ne parlent pas de leurs animaux à la campagne. L'animal faisait partie du règne naturel et il y avait de la sociabilité. » Comme référent aussi, la sociabilité dans des pays où le manque de confort, les difficultés à vivre vont de pair avec des rapports sociaux plus « essentiels ». Ainsi, en Afrique, les gens se parlent dans la rue, et n'ont pas besoin d'un animal pour discuter.

Bien qu'il soit difficile de départager les citadins, autant sinon plus, n'ont pas de représentations négatives de la place de l'animal. Mais leurs propos montrent une hiérarchie dans les rapports à l'animal. Les propriétaires des deux chiennes blanches accordent une valeur à la relation citadin/animal, en fonction de chacun des deux termes : une vieille dame avec un petit chien, c'est bien. Au point que des couples homme/chien fonctionnent comme des données et qu'ils s'opposent à d'autres ; l'homme jeune avec le gros chien contre la vieille dame avec le petit chien : « Les gens qui ont des petits chiens sont souvent des gens seuls alors ils ont besoin de parler. Avec les gens qui ont de gros chiens ce n'est pas possible car c'est impossible de les laisser en liberté. Ces chiens n'obéissent pas à leur maître, jamais. Quand deux gros chiens voient deux petits chiens blancs, ils se précipitent et les petites prennent peur. Les mémères à "chien chien", les vieilles dames comme nous ont toujours leur chien en laisse. » Elles décrivent le lien entre gros et petits chiens, vieilles dames et gros messieurs et le déclinent jusqu'à son terme ultime. « Les gros chiens sont dégoûtants. Nous avons nos petits sacs dans notre poche, la moindre petite crasse que nos chiennes laissent sur le trottoir, c'est ramassé et jeté dans l'égout. Les dames âgées sont propres et connaissent le danger de glisser. Ce sont des hommes qui ont les gros chiens. Ils ont entre trente et quarante ans. Ils n'ont aucun sens du danger que représentent les saletés sur le trottoir et qui représentent une "livre" au moins... » L'image négative qu'on leur renvoie concerne les propriétaires d'animaux. Ils y opposent la relation à leur animal, qualifiée d'exemplaire, se distinguant des autres.

Des citadins issus de milieux populaires, en général, ne portent pas un jugement négatif au sujet du couple citadin-animal. Pourtant, ils emploient des arguments négatifs pour expliquer la présence de l'animal dans le foyer. Ils évoquent la vieillesse, l'enfance, la solitude, la bizarrerie ou la folie pour la justifier. Une vieille dame dit : « Il faut des animaux pour des gens qui sont seuls comme moi, qui s'attachent aux bêtes. »

En général, cohabiter trop étroitement avec l'animal est représenté négativement. L'animal est vecteur d'échanges sociaux, mais est aussi à l'origine de difficultés. Une personne propriétaire d'une trentaine de chats explique qu'ils l'empêchent de voir ses amis : « Cela choque des gens qu'il y ait trop d'animaux et qu'ils soient envahissants, qu'ils prennent trop de place. » Il en va de même de la présence de trop nombreuses blattes. Qui peut conduire à rompre avec ses connaissances. Une femme raconte : « Ce n'est pas un déshonneur. Tout le monde peut en avoir, mais les gens pensent que c'est déshonorant. C'est quelque chose d'un peu honteux... » Son enfant dit : « Ici, on dort avec des bêtes... »

À tel point, on fait souvent la relation entre pauvreté et cohabitation étroite avec l'animal. Elle est perçue comme une forme de la misère. Des gens ne comprennent pas qu'il y ait des blattes dans des quartiers où habitent des citadins bien plus aisés : « Au début, je me disais qu'avoir des cafards c'est qu'on n'est pas propre, mais maintenant j'ai vu dans une émission de télé que les riches en avaient... »

Autrefois, la puanteur et la saleté du pauvre étaient liées à ses conditions d'habitation. La plupart étaient logés dans des taudis (Corbin, 1986) et la « fraternité des débris autorisait le règne de l'animalité ». « Ces êtres se connaissaient-ils entre eux ? s'interroge Victor Hugo à propos des hôtes imaginaires de la Jacressarde. Non, ils se flairaient. » À partir du XIXe siècle, les pouvoirs publics s'acharnent à éduquer les pauvres aux règles d'hygiène. Dès le début du siècle, les conditions d'habitation changent et des organismes sont chargés de mettre en œuvre un habitat social. Pourtant, si les pauvres n'habitent plus toujours des taudis, ou logements insalubres, les représentations, y compris les leurs, associent leurs comportements à la saleté. Remarquons même : les discours les plus virulents, opposés à la présence des animaux et à l'anthropomorphisme, sont ceux de citadins de classe moyenne ou aisés. Les habitants des HLM protestent surtout contre les nuisances que la présence trop nombreuse de l'animal dans la ville engendre. Autour du rôle de l'animal urbain, s'opère ainsi une division liée aux milieux sociaux.

Chapitre 6

IL FAUT DES RESPONSABLES !

Les politiques de contrôle de l'animal doivent satisfaire une double exigence : l'animal ne doit pas prendre trop d'importance dans la vie de la cité (par exemple, il ne doit pas compromettre les règles d'hygiène propres à la vie urbaine), mais on doit aussi garantir son respect (il ne doit pas souffrir).

Or, pour pouvoir contrôler l'animal, une personne morale ou physique doit pouvoir répondre de sa présence, s'en porter responsable. La situation peut être complexe. Qui est la personne responsable des actes des animaux, quand ils sont errants dans la ville ? Quel est le rapport entre propriété d'un animal et responsabilité ? Sur le plan juridique, les réponses sont nombreuses. Qui est responsable des rats qui envahissent les logements en provenance des parties communes des habitations ? Une question, parmi d'autres, qui se pose au service juridique de l'union des HLM.

Les propos des citadins s'organisent autour de deux pôles. Les uns exigent des pouvoirs publics ou d'organismes bailleurs de prendre en charge l'animal et les nuisances qu'il peut causer dans l'espace public. D'autres somment les individus dont le mépris à l'égard d'autrui affecte le partage à égalité de cet espace, d'adopter un comportement plus civique : « Je trouve sales les chiens et je trouve indisciplinés les Français. On n'a pas à imposer la saleté de son chien aux autres comme on n'a pas un chien qui aboie sans arrêt. La rue est un endroit que l'on a en commun. Le chien doit être contrôlé car il fait partie d'une société. »

Que ce soit les pouvoirs publics ou la personne, la responsabilité concerne la reproduction de l'animal, ses excréments, etc. Il s'agit bien de contrôle, et plus particulièrement du contrôle de l'animal en tant qu'être organique, susceptible de se reproduire, de produire des excréments, dont la motilité provoque un sentiment d'envahissement. L'espace urbain serait celui du contrôle de l'animal. Au point que pour beaucoup, plus d'animaux en ville veut dire un contrôle accru.

Le cas le plus significatif est la blatte. La présence de la blatte, sa prolifération dépendent, disent des citadins – la majorité – d'une gestion collective. Elle envahit les appartements : les individus sont peu responsables et sales ; les pouvoirs publics sont défaillants : « Je n'ai jamais eu de blattes, il a fallu que je vienne ici ! La première fois que j'en ai vues, je me suis renseignée et les voisins ont dit : "C'est des cafards, il ne faut pas se laisser faire, mais porter plainte aux HLM !" Au début, les HLM ne voulaient rien faire, et quand je suis allée aux réunions, j'ai dit qu'il fallait que tout le monde prenne une dizaine de cafards et amène ça aux HLM ! Mais vivants et dans un mouchoir [1] ! »

---

1. Voici ce qu'on peut dire sur les pratiques publiques de contrôle de la blatte. 1) *Les gestionnaires HLM* : en général, une entreprise privée est chargée par l'office HLM de faire le travail. L'applicateur passe dans l'immeuble après un affichage dans le hall de l'immeuble, parfois très court – mais souvent les affiches ne sont pas lues – puis il fait du porte-à-porte. Beaucoup de gens sont absents. Beaucoup d'appartements ne sont donc pas traités, et les appartements qui sont traités ne sont pas toujours ceux qui en auraient le plus besoin. Chaque locataire décide s'il doit prendre le traitement proposé par l'office ou non. En aucun cas le traitement ne peut être imposé. Lors du traitement, l'applicateur est seul.

Quand des habitants n'ouvrent pas leur porte aux personnes chargées de la désinsectisation et qu'il y a toujours des blattes, les organismes HLM sont rendus responsables. Pourtant, ce ne sont pas eux qui les ont introduites, encore moins créées. Ce sont plutôt les étrangers. Cela, pour trois raisons : la blatte aime leur nourriture (riz, couscous...) ; la

---

Après le traitement, il rend compte à l'office des appartements qui ont été traités. 2) *La périodicité des traitements* : les traitements sont réalisés soit à la demande des locataires, soit proposés aux locataires avec une périodicité d'un an dans les meilleurs des cas. Mais au niveau de chaque appartement, la périodicité de traitement est tout à fait aléatoire, liée aux décisions des différents locataires. (Faut-il un regroupement de locataires pour motiver la désinsectisation ?) Dans un immeuble, tous les appartements ne sont donc pas traités en même temps, ce qui réduit l'efficacité de l'ensemble. 3) *Les traitements incomplets* : à l'intérieur même d'un appartement, les traitements sont souvent faits trop rapidement (parfois en 6 minutes) et de manière incomplète. Pour gagner du temps, l'application du produit n'est pas faite derrière les appareils électroménagers, mais seulement devant. Dans ce cas, le produit déposé au milieu de la cuisine sera lavé et éliminé rapidement, réduisant ainsi l'efficacité du traitement. Il est rare que l'on applique une barrière d'insecticide autour d'une porte par exemple. Même si un appartement est traité, il y restera des blattes car le traitement n'a pas été fait de manière systématique, des abris échappent au produit. 4) *Le choix des produits* : les produits utilisés sont choisis par l'entreprise et rarement soumis à discussion. Ils appartiennent à trois grandes familles d'insecticides. Les dosages des produits insecticides sont souvent trop faibles (doses sublethales). Les solvants utilisés sont souvent des solvants organiques qui tachent et sont toxiques (laque). Aucune réglementation ne régit l'utilisation des produits insecticides dans l'habitat humain, contrairement aux produits phytosanitaires qui sont très réglementés. 5) *Les conseils des désinsectiseurs* : le désinsectiseur appartient le plus souvent à une entreprise privée. Les désinsectiseurs conseillent souvent aux locataires de fermer leur fenêtre ; ceux-ci subissent alors l'odeur du produit, ce qui est inutile puisque le produit n'est actif que par contact avec l'animal. 6) *Le rôle des locataires* : les locataires informés de la campagne de désinsectisation par affiche dans le hall peuvent refuser ou accepter le traitement. Des locataires qui n'ont jamais eu de blattes le prennent de manière préventive. Certains de ceux qui en ont n'ouvrent pas leur porte ou sont absents. Les parties communes sont toujours faites. Les locataires utilisent eux-mêmes, comme nous le verrons de nombreux produits insecticides, mais souvent aux mauvais endroits, car ils ne savent pas où elles se réfugient pendant la journée. 7) *Les résistances aux insecticides* : à ce jour, aucune étude n'a été faite en France sur le développement d'une résistance aux insecticides par les blattes.

blatte aime la chaleur, et les étrangers proviennent en grande majorité de pays chauds et méditerranéens (certains locataires, en voyage au Maroc, ont remarqué là-bas des blattes beaucoup plus grosses) ; enfin, les odeurs attirent la blatte. Et celle des étrangers est forte. On impute aussi les blattes au type architectural de l'immeuble. Figurent au banc des accusés les pouvoirs de tout type : ceux qui ont permis la construction de ces quartiers, les édiles, les organismes HLM...

Mais la saleté des habitants reste, dans les esprits, le facteur le plus important, pour expliquer les blattes. Saleté des habitants, difficultés à vivre en commun associées à une dégradation de l'immeuble, volontaire ou non. Les organismes doivent débarrasser l'immeuble de ses blattes, mais les habitants doivent collaborer : résoudre ce problème ne peut dépendre d'un individu, mais de tous, ensemble, et collectivement. L'extermination de la blatte nécessite une conscience collective, à l'échelle de l'immeuble.

En conséquence, les pouvoirs publics, les organismes bailleurs, doivent imposer aux locataires un comportement citoyen. C'est vrai, aussi, pour les crottes de chien. Mais les locataires désespèrent d'une prise de conscience : « Les HLM ne sont pas assez énergiques sur ces choses-là. »

De la même façon, se débarrasser des oiseaux nécessite qu'il y ait une prise de conscience collective du problème. Ensuite, un organisme chargé de représenter ce collectif, un syndic ou un bailleur HLM, sera chargé du dépôt de la plainte. D'autant plus qu'il est difficile d'imputer la responsabilité des volatiles. Ce qui contribue à rendre le pigeon envahissant et sale : « J'en veux au maître du chien tandis que personne n'est responsable du pigeon. »

En définitive, une majorité de personnes prônent une politique publique de l'animal, même s'il relève de la responsabilité individuelle. La solution revient aux pouvoirs publics. Personne, même critique envers les animaux et leurs maîtres, n'imagine interdire la possession d'animaux ou de supprimer les animaux errants. Les politiques préconisées nécessitent un contrôle accru des pouvoirs publics et témoignent d'une sensibilité en plein renouveau. Les politiques d'hygiène et de santé seraient renforcées : les pigeons engendrent des maladies, les crottes de chiens sont sales, celles des chats souillent les bacs à sable, leur pisse est nauséabonde. Au moyen d'amendes ou d'un impôt, il faut forcer les citadins à une attitude citoyenne. Qui les oblige à se sentir responsables des déjections canines.

On ne demande pas aux pouvoirs publics d'intervenir en conséquence ou à la place de, mais d'éduquer les gens. Une jeune femme chargée de la gestion locative d'un important organisme HLM suggère : « Il y a des cas où l'on a demandé que le chien soit piqué et les maîtres ont des amendes. On s'y est pris trop tard : c'est le pit-bull aujourd'hui, et l'on interdit la reproduction, et demain ce sera autre chose. On prend le problème à l'envers, il faut éduquer les gens. Et dès qu'on se sert d'un chien comme une arme, la loi doit être implacable. » Car, c'est un leitmotiv, l'animal n'est pas un jouet, mais un être vivant. La création de « sanicanins » – endroits destinés aux déjections de chiens – n'est pas un succès, aujourd'hui. La politique en vigueur est représentée comme un pis-aller peu efficace. Elle coûte à tous, y compris à ceux qui choisissent de vivre sans animaux.

Il doit être interdit de nourrir n'importe comment, n'importe où. Les animaux doivent être stérilisés et, ce qui est contradictoire, les populations se réguler « naturellement. » Stériliser est une solution à la prolifération des pigeons (avec des graines contraceptives) et des chats. Beaucoup la proposent, y compris les nourrisseurs. Cependant, elle ne fait pas l'unanimité. Une femme pense qu'elle revient à une domestication accrue de l'animal : « Je trouverais triste de stériliser les chats. Cela s'inscrit dans le rapport maître-esclave. Le chat finit par ressembler à un coussin de doux poils ! » Mais personne ne défend les politiques en vigueur, comme la capture des pigeons : « À Lyon, ils prennent une petite cage et les mettent tous dedans ; les cous, les ailes, les pattes cassés. De toute façon, ils sont euthanasiés. »

Stériliser permet de mieux faire accepter les animaux en ville. Puisque cela dépend de leur nombre. Un couple de citadins aisés de Lyon explique : « En matière de gestion publique, il faut une certaine harmonie. Les herbes folles, ça devient gênant si ça envahit tout. C'est un problème de dosage, de quota de chats, les autres on les tue, on régule, mais les critères doivent être démocratiques, reflets de la pensée d'une population dans une ville définie. »

Les gens doivent se sentir responsables de leurs animaux. Ne pas pouvoir les abandonner. L'image des associations de protection animalière est positive. Elles recueillent les animaux abandonnés. Leur existence est la garantie que l'animal a des droits : « Ces associations permettent qu'on n'empiète pas trop sur la vie des animaux et qu'ils retrouvent une certaine autonomie, une certaine liberté. » Aussi, on se les représente comme menant un combat inutile digne d'une société riche. Elles seraient plus utiles si elles luttaient pour aider les pauvres et contre la faim dans le monde.

Une campagnarde d'origine est contre les animaux dans les villes. Leur multiplication est le signe d'une société malade. La protection des animaux participe de la dégénérescence : « Les associations de défense des animaux feraient mieux d'utiliser leur énergie à des causes plus philanthropiques. Quand je vois l'action de Brigitte Bardot qui fait des campagnes d'affichage pour les animaux et milite au Front national ! C'est une des composantes du phénomène : les gens qui aiment les animaux sont misanthropes. » Un médecin de profession est plus nuancé. Elle s'interroge au sujet de l'idée d'une « communauté des vivants ». Idée qui a du succès auprès de nourrisseurs, d'écologistes : « Les gens qui défendent les droits des animaux, je trouve ça utile, mais il faudrait le faire en priorité pour les êtres humains. J'ai l'impression que certaines personnes préféreraient presque les animaux aux êtres humains et je ne suis pas d'accord. L'être humain a plus d'importance que les animaux. C'est peut-être mon éducation religieuse catholique : quand on regarde objectivement, ce sont des êtres vivants comme nous et au même titre. » La protection des animaux sauvages « en voie de disparition » est conçue comme plus utile.

Des citadins perçoivent l'opposition homme/animal, mais ne la comprennent pas. Aider des hommes en difficulté n'est pas contradictoire avec sauver des animaux. Comme médecin, aussi bien l'animal que l'être humain concerne cette jeune femme. Elle ne milite pas au sein d'organisations de protection des animaux. Elle dit avoir assez à faire avec les hommes, mais pense que les animaux doivent être défendus. La disparition des espèces et l'expérimentation médicale le justifient. Aussi, c'est pédagogique : il faut montrer que ce sont des êtres vivants, non des objets.

L'importance accordée à une politique de l'animal met en évidence celle attribuée à l'animal et les enjeux sociaux. Les discours des associations de protection opposent homme et animal. Le développement des problèmes d'environnement, de la protection de la nature, ravive la complexité de leurs rapports.

Les citadins qui veulent des animaux s'opposent à ceux qui n'en veulent pas. Aujourd'hui, cette opposition acquiert un caractère aigu. S'occuper de l'animal relèverait (Digard, 1998) d'un anti-humanisme : sa présence n'est d'aucune utilité en ville ; il n'est pas en voie de disparition. Le discours des pro-animaux serait un vitalisme panthéiste.

Grossièrement, c'est l'homme contre la bête. Ceux qui le constatent font l'équivalence entre les deux termes. Reprocherait-on à un passionné de philatélie d'y consacrer du temps aux dépens de l'être humain ?

Chapitre 7

LA VILLE DOMESTIQUÉE

Dans l'espace urbain, seule la présence des animaux familiers est remarquée. Comme le dit un citadin : « Quand on est en ville, on pense tout de suite aux chiens, aux chats et aux souris blanches. » Pas d'autres animaux que ceux, désirés. La ville est une construction humaine, un milieu artificiel. Les êtres qui y vivent sont voulus.

Les citadins estiment que les conditions de vie sont difficiles en ville. Ce n'est pas un lieu naturel où peuvent vivre des animaux. Les seuls espaces urbains où on les imagine sont ceux, associés à l'idée de nature, par tradition : les parcs, les jardins. Ou les zoos. Cependant, ces derniers sont décrits comme des lieux de souffrance. « Il n'y a pas de présence animale dans Paris en dehors des oiseaux et des parcs zoologiques. Je n'en vois pas dans mon quartier en dehors des chats, des chiens et des oiseaux. » Les discours au sujet des animaux communiquent une idée du milieu urbain, de la ville en tant que niche écologique.

Les citadins observent les chats et les chiens, ce qui consiste à les identifier à des gens de leur voisinage. L'animal est un élément contribuant à ce qu'une personne soit visible, connue dans un quartier. Ainsi, décrire une voisine va jusqu'à décrire son chien. On jugera de sa pertinence, du bon sens de sa maîtresse selon la taille de son appartement. Sont remarqués les animaux fauteurs de troubles : bruit, excréments…

Peu de gens, sauf d'anciens habitants du quartier, des personnes âgées, observent le chat dans la rue ou dans les jardins : « À Paris, on ne voit pas beaucoup de chats errants. Dans ce quartier, qui est très construit où le seul jardin est celui du Luxembourg, il n'y a rien du tout. Je suppose que si j'allais au cimetière ou dans les banlieues où l'habitat est un peu plus dispersé… Ici, c'est tellement construit qu'on ne voit jamais un chat dans la rue. Par contre des chiens ! » Pourtant, comme l'explique Dominique Pontier, écologue qui travaille sur les populations de chats, les chats sont bel et bien présents dans la ville, même s'ils se montrent discrets[1]. Depuis les débuts de leur domestication, leur expansion géographique et démographique a suivi celle des hommes. Aussi, on le voit dans les milieux anthropisés urbains et ruraux, et dans les milieux non anthropisés. Récemment, une étude[2] estimait le nombre de chats domestiques à 400 millions dans le monde.

Les pigeons sont rarement cités, comme des animaux des villes. Le pigeon fait partie, comme le note un homme, du « paysage », à tel point qu'il devient invisible. On peut se demander si sa banalité le qualifie en tant qu'animal : « Ce ne sont pas des animaux en ville puisqu'il y en a autant que

---

1. Le chat se caractérise par une forte variabilité de l'organisation spatiale et sociale de sa population. Les chats mènent une vie solitaire en milieu rural (moins d'un chat au km²), mais ils peuvent se regrouper en milieu urbain où la densité est forte (2 000 chats au km²), et être structurés socialement. La principale hypothèse explicative de l'organisation spatiale des chats, et plus généralement des carnivores, est celle de la dispersion des ressources (nourriture et abris). Cette dispersion est liée à la morphologie de la ville et à la présence de nourriture fournie en partie par les êtres humains. Cf. Dominique Pontier, *Le Chat domestique en ville : enquêtes dans le quartier de la Croix-Rousse*, Lyon, université Claude Bernard, 1996, p. 2-3.

2. Jean-Marie Legay, « Sur une tentative d'estimation du nombre total de chats domestiques », *C.R. Acad. Sc.*, III, 17, p. 709-712.

des lampadaires. Donc, je ne les vois pas. L'expression "des animaux" m'évoque ce que je vois occasionnellement. » Pourtant, les pigeons contribuent à l'idée de ville, même si beaucoup les jugent répugnants et certains, leur extermination souhaitable. Les ornithologues confirment la présence banale du pigeon dans les villes : les effectifs atteignent plusieurs dizaines de milliers de couples [3]. L'espèce est devenue commune, faute d'ennemi, et le pigeon fait tellement partie du paysage urbain qu'on ne soupçonne pas son caractère récent, en ville. En effet, jusqu'à la fin du XIXᵉ siècle, c'étaient des animaux d'élevage. Par la suite, ils sont redevenus sauvages.

Évoquer, pour un citadin, l'animal en ville – exception faite de l'animal familier – c'est se référer à ce qui n'est pas de l'ordre de la ville : exceptionnel ou en nombre suffisamment important pour provoquer une véritable gêne.

Les faucons crécerelles des tours de Notre-Dame, par exemple, sont immédiatement cités. Leur présence médiatisée a vivement marqué les esprits. Les ornithologues expliquent que le faucon crécerelle a su profiter, depuis longtemps, des sites urbains qui pouvaient lui convenir : églises, tours, monuments. Aujourd'hui, entre vingt et trente couples vivent à Paris [4].

Des citadins, plus rares, en majorité habitant loin du centre-ville, identifient d'autres oiseaux : les étourneaux, les goélands, les mouettes, les merles. Pourtant, ils sont, d'après les écologues, en nombre croissant dans les villes. Les étourneaux, par exemple, en particulier des sujets migrateurs venus de Suède, des Pays-Bas ou d'Allemagne, forment de petits dortoirs qui peuvent devenir de gros rassemblements. Dans les discours des citadins, ces oiseaux ne vivent pas toute l'année en ville. Libres d'aller et venir, ils ne sont pas inféodés au milieu urbain. Le pigeon est le seul oiseau urbain, qui n'est pas libre : il ne sort pas de la

---

3. *Guide des oiseaux de Paris*, 1997, mairie de Paris.
4. *Ibid.*

ville. « Il ne se rend pas compte qu'il n'a qu'un seul arbre ou qu'il pourrait vivre dans les forêts. » Les citadins observent les oiseaux autour des rivières, dans les parcs et jardins, même du haut de bâtiments élevés ou de tours quand ils y habitent.

Les remarques mettent toujours en relation un environnement et l'animal. Le type architectural de l'immeuble, la densité urbaine ou la présence environnante de parcs et jardins jouent un rôle important dans son observation. Sa présence peut être jugée surprenante quand elle contraste avec l'environnement : « J'étais au premier étage près de la Plaine-St-Denis. C'est vrai, il y avait le périph, mais juste devant chez moi il y avait des peupliers, et au printemps et, en été, c'était incroyable ce qu'on les entendait. »

De plus, les citadins ne se représentent pas d'animaux dits « sauvages » dans les espaces urbains. Cela met en évidence une idée de la ville où ne peut vivre que l'animal domestique. Les seuls animaux sauvages seraient les oiseaux. Ils sont libres et vont où ils choisissent. Leur chant est lié à l'idée de campagne. Une habitante âgée – l'âge est corrélatif d'une observation plus fine des oiseaux et d'un retrait de la vie sociale – ayant vécu longtemps dans le même immeuble à Paris, ce qui explique sa connaissance des oiseaux du quartier, pointe : « À Paris, je ne vois pas d'animaux sauvages, sauf les oiseaux. Il y a des oiseaux dans le clocher de l'église, des faucons crécerelles. Je les vois, j'entends leurs cris. Il y a des corneilles qui viennent manger, elles croassent ; j'adore les entendre ; il me semble que je suis à la campagne... » *A contrario*, le pigeon subit « une restriction de son activité qui fait qu'on ne le voit plus comme un animal sauvage ».

Parfois, des animaux que d'autres citadins traitent de nuisibles sont qualifiés de sauvages. Ainsi, le rat, la souris. Le plus souvent, la présence attestée depuis longtemps du rat en ville le disqualifie comme animal sauvage. Il est adapté au monde urbain, comme la blatte : « Le rat est assimilable à la blatte dans la mesure où c'est un animal sauvage qui ne peut vivre que dans la cité ! » Le rat est associé au réseau des égouts, à l'envers de la ville. Représentés essentiellement par le surmulot et communément appelés rats d'égout ou rats gris, ils sont omnivores et consomment chaque jour plus de cent tonnes de déchets accumulés dans les égouts. Ils dévorent les rejets de la collectivité urbaine, déchets des particuliers se confondant dans leur ensemble, la saleté de tous. Ils peuplent les souterrains de la ville et en forment le peuple mystérieux, dangereux, égal à l'homme du point de vue de l'intelligence. Le réseau des égouts forme comme la face inverse de la ville, et les rats caricaturent les hommes : ils sont redoutables, capables de survivre dans des conditions difficiles.

En général, les blattes sont peu mentionnées, à la différence d'autres animaux. Pourtant, les représentations de cet animal en font une véritable nuisance. Au point qu'on la disqualifie comme animal en ville. Sa présence est indissolublement liée à la ville imaginée comme un milieu. Dans les esprits, le sol, le sous-sol et l'histoire du lieu forment un tout : « Les blattes venaient parce que les HLM étaient montés sur des marais, que les sols étaient humides. » Les blattes font partie des animaux qui se plaisent en ville, des espèces d'animaux qui feraient partie de la vie urbaine, de tout temps. Avant même que l'espace urbain ne soit ce qu'il est aujourd'hui. Elles ont persisté à se reproduire sur place. « Il y a toujours eu des cafards : c'est lié à l'humidité... »

Si certaines de ces remarques rejoignent les observations des écologues au sujet de la niche écologique de la blatte, beaucoup en diffèrent. Par exemple, la blatte n'a pas toujours été en ville. C'est une espèce d'origine tropicale [5]

---

5. Voir le rapport, *Les blattes en milieu urbain*, Plan urbain/SRETIE, 1995. Colette Rivault, éco-éthologue et membre de l'équipe de recherche,

qui s'est répandue en suivant les routes commerciales maritimes, terrestres ou aériennes. Si bien qu'elles ont d'abord été signalées dans des villes portuaires. Aussi, un nombre limité d'espèces sont devenues urbaines. En France, on trouve uniquement trois espèces de blattes : *Blatta orientalis, Blattella germanica*[6] et *Supella Longipalpa* qui diffèrent par bien des points de leur cycle de développement, de leur biologie et écologie.

Les discours des citadins montrent une ville bien particulière. Ce qu'ils détaillent sert à justifier l'idée qu'ils se font du milieu urbain. Par exemple : la ville est sale. Par contre, ils ne voient pas l'appartement comme le milieu de vie de la blatte. Les représentations communes mettent bien en avant que *Blattella germanica*, espèce la plus courante dans les immeubles étudiés, est liée à l'humidité, à la chaleur, etc., ce que confirment les éco-

---

écrit : « La distribution des blattes est mondiale ; de l'Arctique à l'Antarctique en passant par les Tropiques. Parmi les 3 500 espèces de blattes connues, la grande majorité vivent en milieu tropical. 50 espèces seulement occupent des habitats humains. Les espèces urbaines sont thermophiles, omnivores et lucifuges, présentent des caractères ubiquistes, avec des exigences écologiques relativement larges, une stratégie de reproduction telle que le nombre de jeunes produits est élevé (même si peu d'entre eux atteignent l'âge adulte lorsque les conditions deviennent défavorables). »

La plupart des espèces trouvées en milieu urbain, dites domestiques, ne sont présentes que dans les habitations humaines et ne sont plus recensées dans le milieu naturel (milieu forestier par exemple). Leur niche écologique – leur « milieu naturel » – est devenue un milieu totalement artificialisé. Elles se laissent facilement transporter par l'homme et, dans la mesure où elles sont déposées dans un endroit qui présente des conditions favorables (avec abris, eau, nourriture et chaleur), elles sont capables de se développer dans n'importe quelle partie du monde. Le mode de vie dans les maisons (domestique) est un mode de vie acquis.

6. C'est une espèce de petite taille (12-15 mm au stade adulte) de couleur brun-clair avec deux bandes longitudinales noires. Cette espèce omnivore et cosmopolite est de loin la plus répandue. Elle ne s'est pas adaptée aux différents climats sous lesquels elle se développe, mais a, au contraire, cherché des microclimats favorables correspondant à ses propres exigences écologiques.

logues[7], mais éludent le fait que la blatte profite de conditions de vie que l'appartement lui offre. Les personnes ne remarquent pas que l'animal, grâce à la lumière artificielle à l'intérieur du logement, se soustrait aux conditions climatiques et saisonnières extérieures. Au point que cette espèce survit difficilement quand le microclimat de cet habitat se rapproche des conditions extérieures. Ainsi, la production de jeunes est continue au cours de l'année. Cependant, *Blattella germanica* est lucifuge et se montre active surtout la nuit, quand les lumières s'éteignent.

De la même façon, les habitants ne soulignent pas la dépendance de la blatte à l'égard de l'homme pour sa nourriture. En effet, *Blattella germanica* se nourrit des mêmes aliments que l'homme ainsi que de déchets organiques, qu'ils soient maîtrisés ou laissés à l'abandon (des déchets organiques rejetés dans les poubelles et les égouts aux fèces).

En définitive, les citadins ne conçoivent pas l'appartement comme un milieu, un écosystème. Avant tout, la relation à cet insecte est déterminée par son association à la saleté.

La blatte n'a pas toujours été associée à la saleté. En effet, les résultats d'une brève recherche étymologique[8]

---

7. La température de prédilection de *Blattella germanica* va de 24 °C à 33 °C. Cette blatte recherche une atmosphère plutôt humide et l'accès facile à une source d'eau est un facteur fondamental. Elle exige la présence d'abris et fréquente préférentiellement les cuisines et les salles de bains, là où il y a nourriture, eau, chaleur supplémentaire et abris. Elle s'installe alors sous l'évier, dans les appareils de cuisson, les moteurs d'appareils électroménagers, la chaudière à gaz... Les abris préférés sont les endroits qui sont les moins perturbés par l'homme et ne sont jamais très loin des sources de nourriture.

8. « Cafard » (1589) est emprunté probablement à l'arabe *Kafir* « qui n'a pas la foi ». Le suffixe péjoratif « ard » a remplacé la combinaison initiale. Le mot a été repris avec le sens religieux de « faux dévot », « hypocrite » employé de manière polémique au XVIe siècle, notamment pendant les guerres de religion. Il semble que le sens usuel de « blatte », relevé dès 1542, soit un emploi métaphorique du sens de « faux dévot », l'animal étant de couleur noire et se dérobant à la lumière. Ce sens est d'abord régional (Normandie, Berry) et se diffuse au XIXe siècle dans le

font penser que sa principale caractéristique était qu'elle fuyait la lumière. D'où l'importance du milieu de vie dans l'élaboration des discours concernant des objets ou animaux qui s'y trouvent. Le terme « cafard », vulgaire, comme celui de « blatte », dénomination scientifique, renvoie à la vie nocturne de l'animal. Autour de la couleur de l'insecte, de ses mœurs nocturnes et des lieux dans lesquels il vit, s'est créée une locution argotique : avoir le cafard, avoir des idées noires. Les mœurs nocturnes de l'animal jouent, comme en témoignent de nombreux textes littéraires (où le cafard pullule, menace, doit être détruit, génère un malaise...). On peut penser qu'il s'agit d'une projection des valeurs de la société humaine sur le monde animal. Au sujet du cafard, on en trouve un exemple frappant dans le livre de Keith Thomas[9]. L'auteur analyse l'exclusion qui frappe des animaux et des parties de l'humanité entre le XVIe et le XIXe siècle. Il cite une lettre qu'un ami des animaux lui écrit en 1879. Les cafards ont envahi sa maison : « Je déteste faire la guerre aux cafards. Ils ont autant le droit de vivre que les noirs Zoulous. Mais dans un cas comme dans l'autre, que faire ? »

---

français général. Le terme blatte, du latin, terme englobant divers insectes « qui fuient la lumière » (Pline), va dans le même sens. Par l'intermédiaire du latin scientifique *Blatta*, les naturalistes de la seconde moitié du XVIIIe siècle ont fixé son emploi comme nom générique du cafard. Voir les articles « Blatte » et « Cafard » du *Robert, dictionnaire historique de la langue française*, Paris, 1993.

9. Keith Thomas, *Dans le jardin de la nature*, Paris, Gallimard, « Bibliothèque des histoires », 1985, p. 77 et p. 249. Thomas écrit d'ailleurs : « Les travaux de nombre d'anthropologues donnent à penser que c'est une tendance permanente de la pensée humaine de projeter sur le monde naturel (et en particulier sur le règne animal) des catégories et des valeurs provenant de la société humaine, puis de s'en resservir pour critiquer ou renforcer l'ordre humain, en justifiant quelque disposition particulière, sociale et politique, par la raison qu'elle est d'une certaine manière plus "naturelle" que tout autre à sa place. » Les catégories mises en œuvre pour classer le monde animal sont étroitement parallèles à celles utilisées pour classer les végétaux : les bêtes sont divisées entre celles, sauvages, à apprivoiser ou à éliminer, les domestiques, à exploiter, et les animaux familiers, à aimer ; le monde végétal comprend les forêts, sauvages, les plantations ou vergers, domestiques, et les parcs d'agrément.

Les évolutions de la présence animale accompagnent l'histoire de la ville. Elles sont remarquées, servent à se donner des repères dans le temps. Nombre de citadins constatent que les moineaux disparaissent au profit des pigeons, ce que confirment les ornithologues[10] qui expliquent que le nombre de moineaux diminue probablement en raison de la politique de rénovation de l'habitat menée depuis la dernière guerre. Les immeubles modernes présenteraient moins de lieux favorables à la nidification. De même, la disparition des chevaux et de leur crottin dont les oiseaux se nourrissaient a pu jouer.

La présence des insectes a évolué. Des citadins ne se l'expliquent pas et sont stupéfaits : on a d'abord vu des punaises, puis des cafards. Les allées et venues des oiseaux migrateurs font partie des faits observés et accompagnent les variations saisonnières qui rythment la vie urbaine.

Les représentations sociales de la présence animale valorisent une ville contrôlée, voire aseptisée, où ne peuvent vivre des animaux, sauf dans l'espace de la maison. Pourtant, en dehors des espèces mentionnées, expliquent des écologues, on trouve à Paris, y compris dans les bois de Boulogne et de Vincennes, jusqu'à vingt-cinq espèces de mammifères sauvages. Ce sont des espèces communes en France, à l'exception de deux espèces de chauves-souris. Ce sont des micromammifères : la souris, la musaraigne, le mulot. Aussi, des hérissons, des chauves-souris, des renards. Le renard a été observé à divers endroits dans l'agglomération parisienne depuis les années 1980. On constate l'importance des voies ferrées, des gares de triage souterraines et des nombreuses dessertes qu'un trafic régulier ne traverse pas. Ce sont de vastes espaces que l'homme fréquente peu. La fouine est présente à Paris, dans les espaces verts, bois et cimetières et, à l'instar d'autres espèces, sur le site de la petite ceinture, voie ferrée entou-

---

10. *Guide des oiseaux de Paris, op. cit.*

rant Paris. Le putois, la belette sont plus rares. L'écureuil est bien représenté dans les bois.

Y vivent également des amphibiens (grenouille, crapaud, etc.) et des reptiles (lézard, etc.). Qu'ils puissent vivre en ville semble lié à l'état des milieux et non à celui de leur population. Dans la plupart des cas, ce sont des milieux gérés sur un mode intensif (traitement des végétaux, tonte répétée des gazons...). Cette gestion limite les potentialités d'accueil pour la faune, qu'il s'agisse de mammifères, d'oiseaux ou d'insectes. En majorité, ils sont subordonnés à la politique de gestion des espaces verts parisiens.

De nombreux insectes urbains proches de l'homme ne sont jamais cités. Ils ne peuvent pas être reconnus comme des animaux, a fortiori sauvages. Ils sont avant tout des parasites, des nuisibles, comme la blatte, le pou.

Par exemple, le termite infeste plus de mille immeubles de Paris, comme l'expliquent les services d'hygiène de la ville. Cet insecte xylophage est assimilé à une fourmi blanche du fait de sa taille et de sa couleur, parfois. Il attaque tous les matériaux contenant de la cellulose. Lucifuges comme la blatte, les termites creusent des galeries, non seulement dans des matériaux cellulosiques, mais aussi dans des matériaux n'ayant pas de valeur nutritive et apparemment plus résistants (plâtre, ciment, mortier). En général, ils envahissent les bâtiments à partir du sol. Les termites s'installent dans les sous-sols où ils trouvent nourriture et humidité, puis progressent vers les niveaux supérieurs où ils se disséminent, recherchant de nouveaux moyens d'existence. Dans les constructions en béton, ils progressent par les joints de dilatation et les fissures ou construisent des galeries extérieures. Les termites créent une nouvelle colonie lorsque la colonie est trop importante ou que les sources d'approvisionnement sont trop lointaines. Un autre mode de propagation du termite est le transport des matériaux contaminés. L'essaimage (des reproducteurs ailés quittent la colonie mère pour aller fonder une autre colonie), qui est le mode biologique normal en milieu naturel de dissémination est rare et marginal en ville.

L'infestation de bâtiments par les termites constitue un véritable problème. D'autant plus qu'ils sont invisibles comme d'autres animaux à Paris. Pourtant, on constate, en ce qui concerne l'observation des oiseaux, que le taux de reconnaissance des espèces augmente avec l'âge du citadin et la durée d'habitation. On peut penser que si ces animaux ne sont pas connus, c'est faute d'intérêt et d'idée. Peu de gens imaginent qu'ils vivent dans les villes.

Si la ville est un milieu où les conditions de vie sont difficiles pour les animaux, notamment en raison des principes de gestion des espaces vides de toute occupation bâtie, il est encore plus difficile aux citadins de croire qu'elle puisse être un milieu pour d'autres êtres vivants qu'eux-mêmes.

Les discours des citadins montrent que la ville est considérée comme un milieu artificiel et fermé dans la mesure où on ne s'y représente que des animaux désirés. Ils éludent le fait que l'animal est un être vivant, autonome, doué de motilité, qui peut venir y vivre « librement ». Ils négligent la dimension concrète et naturelle de la ville. Ce qui explique que l'animal soit associé à la saleté, pensé comme un envahisseur. En conséquence, sa présence engendre des conflits et nécessite d'être régulée.

Chapitre 8

LE VIVANT ANIMÉ

On ne peut considérer l'animal comme n'importe quel objet de consommation. Ce que font des sociologues, étudiant le rôle de l'animal familier. Sa parenté biologique avec l'homme, son autonomie, sa motilité, etc., en font un sujet d'interrogation important sur le plan philosophique (Fontenay, 1998), essentiel pour discuter des questions d'environnement, en particulier du bien-être animal (Larrère, 1997).

En ville, cette relation acquiert une certaine spécificité. L'animal est un être vivant dans un espace que les citadins qualifient de minéral. En tant qu'être vivant, il se nourrit, se reproduit et meurt. Au cours de sa vie, il produit des déjections, provoque des troubles, à l'origine de conflits.

La vie organique de l'animal contribue à son rejet et aux maux qui lui sont attribués. On peut penser que la ville est l'espace de la maîtrise du corps et des règles d'hygiène qui vont de pair avec la civilisation. En effet, les questions d'hygiène sont devenues primordiales en milieu urbain, même si tous les discours n'en parlent pas. C'était le cas au XIXe siècle : hygiène et moralisation des masses laborieuses allaient de pair. Depuis, les règles de propreté ont gagné en force alors qu'elles façonnaient dans l'évidence la plupart de nos gestes, en particulier ceux des citadins.

Vivre en ville revient à témoigner de sa capacité à adopter les règles d'hygiène et de maîtrise du corps. Or l'animal ne le peut pas, il doit donc être contraint dans le cadre des usages humains. Au même titre que le corps humain, il devient un objet d'affirmation de l'identité de son propriétaire. Dans ce contexte, il est évident que les animaux non désirés n'ont pas de place. Outre qu'ils contribuent à l'idée des citadins concernant leur milieu de vie et sa saleté.

Les excréments sont les premiers cités comme contribuant à la saleté et, en conséquence, au désordre urbain. Les crottes des chiens transforment la ville en « une gigantesque poubelle » qui sent mauvais les jours où il fait chaud ; ils coûtent de l'argent public. Engager des hommes pour ramasser les excréments des animaux, alors que l'animal est subordonné à l'homme, évoque un renversement de valeur. Ceux qui pratiquent ce métier sont dévalorisés. L'animal devient assez important dans la vie de la cité pour que s'instaure un rapport : l'animal est premier, et l'homme en dépend.

À l'idée de saleté, on associe le mode d'alimentation de l'animal. Le sentiment général : les animaux en ville profitent des déchets des êtres humains. Les discours évoquent une ville qui comprend « un endroit et un envers ». L'endroit de la ville, ce sont les lieux où l'homme vit. Son envers, ce qui s'inscrit en creux ou ce qui permet à la ville de fonctionner : égouts, réseaux techniques, terrains vagues, ou encore, les excréments, les déchets humains... L'animal désiré, familier accompagne le citadin. L'animal non désiré appartient à l'envers du décor. Il est ce qui accompagne la vie urbaine, qui vit de déchets. Une citadine d'origine habitant une tour précise : « Le propre en surface suppose du sale en profondeur et il faut bien se débarrasser de la merde et les animaux en ville sont associés à cela. » La campagne est un milieu plus naturel où les animaux ont un comportement naturel : leur hygiène est naturelle. Ils ne sont pas sales. En ville, les animaux sont dénaturés : « Un rat des champs ne m'écœure pas comme un rat des villes dans les égouts. »

Rares sont ceux qui se représentent un milieu urbain, à l'instar des écologues, sur un mode moins anthropocentriste. Alors, la présence de l'animal est normale. L'animal vient se « ravitailler ». Ou au contraire, on « aurait empiété sur leur milieu et les animaux ont été obligés de s'habituer à vivre avec l'homme ». L'accès facile à la nourriture, aux abris, à la chaleur attirerait les animaux en ville. Des citadins décrivent la chaîne alimentaire : « Le jour où il n'y aura plus de chats : il y aura des rats. » Les rats, depuis toujours en ville, selon les enquêtés, ont une place : ils sont de petits prédateurs. Cependant, même si la présence des animaux est vécue comme normale, des citadins la regrettent. Les animaux modifient leurs pratiques, à l'origine, naturelles : « C'est un peu dénaturer certaines choses. Cela va faire des mutations dans leurs façons de vivre. Ce n'est pas à l'origine leur façon d'être. Ce sont peut-être des propos un peu écolos... » De plus, le nombre accru d'animaux attirés par la nourriture oblige à un contrôle des populations. Contrôle qui devrait s'appliquer à la population humaine, en surnombre par rapport aux ressources naturelles, selon un nourrisseur.

Les actes des nourrisseurs d'animaux sont, dans ce sens, mal vus. Ils ne devraient pas ajouter de la nourriture à celle, présente en ville. Il y a des poubelles pour les rats, des déchets pour les pigeons ou des souris ou autres rongeurs pour les chats, dans les parcs et jardins. « Le parc des Buttes-Chaumont est plein de chats, et il y a des nourrisseurs. C'est une facilité pour les chats ; ils savent à quelle heure la brave dame va venir et leur donner du mou. Or il y a bien assez de mulots dans les Buttes. Seulement, ils sont flemmards comme tout le monde ! » Les nourrisseurs contribueraient à la prolifération des pigeons et des chats, ajouteraient à la saleté dans la ville.

Cette appréciation est nuancée : on a pitié des nourrisseurs. Ce sont, et le trait est caricatural, des personnes seules et âgées que personne n'aime, qui ont trouvé comme seule occupation, seul contact dans la ville, ces animaux. Leur vocation serait liée au mode d'habiter urbain dont le trait principal serait la solitude. Comment expliquer, sinon, qu'on puisse s'occuper des animaux urbains ? « Ces gens ont une vie très pauvre : je ne connais pas de grands-mères qui soient entourées de leurs enfants et petits-enfants qui iraient nourrir les chats ! Ce sont en général des gens très solitaires. Ils sont plus pitoyables qu'autre chose. » Cette idée est tellement ancrée qu'un homme dit avoir peur de nourrir les animaux : « J'aurais l'impression de devenir une vieille dame. » Réaliser les mêmes gestes conduit à devenir la même personne.

Des citadins pensent que les gens s'occupent d'animaux pour éviter les relations humaines, plus conflictuelles. Les propos de « nourrisseurs », des femmes, le confirment : « L'être humain est tellement méchant : on est repoussé par les êtres humains et attiré par les animaux. Ils font partie de la vie. Vous voyez une vie sans animaux ? » Pourtant, n'est-ce pas à cause de leur relation avec les animaux que les « nourrisseurs » ont des conflits avec les hommes ?

Ces discours n'empêchent pas de nombreuses personnes de nourrir les animaux, outre les nourrisseurs. Ces derniers le revendiquent comme une pratique exclusive, absorbante. Les autres nourrissent occasionnellement, sur le bord des fenêtres, sur les balcons ou dehors avec les miettes, les restes. Ce sont surtout des femmes, des personnes âgées qui habitent le même quartier depuis longtemps. Elles décrivent l'animal comme une victime de la ville. « Les bêtes n'ont pas demandé à vivre : si elles sont abandonnées par des gens qui sont sans cœur, il y a quelqu'un d'autre qui les récupère et qui les nourrit. On ne peut pas les laisser comme cela. Une bête est une bête, mais quand même ! » Elles veulent sauver l'animal ou être plus proche de lui. Nourrir devient un moyen privilégié de les voir, de développer une relation.

On ne décide pas un jour de nourrir. Ce passage à l'acte ne procède pas d'une décision soudaine, mais résulte d'une série d'actions successives. On le fait progressivement. Une femme seule habite un rez-de-chaussée ouvrant sur deux cours. Dans l'une, elle dépose des coupelles remplies de nourriture pour les oiseaux, dans l'autre pour les chats. Enfin, elle se décide et va, un jour, porter les restes de son repas sur la voie de chemin de fer de la petite ceinture. Ensuite, elle achète des croquettes ou des boîtes. Cette ancienne voie ferrée est un endroit propice pour les chats. De nombreux nourrisseurs l'utilisent, y déposent des écuelles et y réalisent des abris. Très vite, cette femme choisit d'arrêter. Elle a l'impression de gêner la « nourrisseuse » en titre. Qui n'aimerait pas qu'on intervienne sur son territoire : « Cela m'est arrivé de nourrir sur l'ancienne voie ferrée : ils ont leur petite maison fabriquée par les gens de la protection des chats de Paris où ils peuvent se réfugier quand ils ont froid. Les chats sauvages mangent n'importe quoi. J'ai rencontré là-bas une dame qui avait l'air chez elle. Quand elle m'a vu donner à manger, elle n'a rien dit mais à la façon dont elle me regardait, j'ai bien vu que je marchais sur ses plates-bandes et que c'était son boulot à elle. »

Plusieurs idées se dégagent des discours au sujet des femmes qui nourrissent. Leur côté maternel et le prolongement fait entre animal et enfant expliquent que ce soit des femmes qui s'attachent à nourrir les animaux. Aussi, il est question de pouvoir : « Les hommes partent à la conquête et les femmes récupèrent les miettes. » Les miettes sont ce qui n'a pas été conquis. Un citadin cerne la différence homme/femme en termes de taille de territoire, les grands espaces étant plus valorisés : « Les femmes veulent plus faire dans leur entourage immédiat alors que les hommes veulent agir sur des espaces beaucoup plus grands. » Pour une militante pro-animal : « C'est Dieu qui a donné la charge aux hommes de s'occuper des êtres humains et aux femmes des animaux... » Enfin, intervient le rapport au soin, à la santé biologique : « Les femmes s'occupent de la misère du monde : mères et infirmières. »

En définitive, s'occuper d'animaux en ville est rarement connoté positivement. À l'inverse, s'occuper d'animaux sauvages, eux, « en danger » est utile. Les femmes investiraient des causes inutiles. Qu'aucune position éthique ne peut justifier.

Nourrir l'animal, en particulier le chat, peut être plus positif, s'il est également géré. Le gérer revient à le maîtriser. Il faut stériliser les animaux. On les traite comme des nuisances : ils se reproduisent et prolifèrent.

Rat, cafard ou pigeon, un grand nombre d'animaux font peur. « Les rats se reproduisent à une vitesse folle. On n'arrivera jamais à les éliminer : j'ai l'impression que ce sont des espèces trop archaïques qui se sont adaptées à des situations trop différentes. » On devrait « exterminer les blattes : même si on mettait du gaz mortel dans les caves, toujours des petites blattes reviendraient et il y en aurait ailleurs... » Seule, la présence d'un nid explique l'origine de la blatte dans l'immeuble. Des citadins parlent des œufs pensés indestructibles et des petits. Des faits, infirmés par les écologues, sont avancés. « Il doit y avoir un nid de blattes quelque part. Il y a toujours eu des blattes. Donc il y a un foyer. » Ce terme de foyer peut être interprété comme voulant dire « foyer de contamination ». Le mot de nid serait un équivalent. La blatte est vécue comme une maladie qui prolifère.

Des citadins nuancent leur rejet du rat et du pigeon. Ils demandent juste à ce que leur population soit régulée. Ce rejet est clair en ce qui concerne la blatte et est très lié à sa reproduction. Tout de suite, on pense au grouillement de l'insecte : « Ce n'est pas très agréable de soulever des objets sous lesquels il y a des cloportes car cela a un aspect grouillant, les cafards aussi. Toutes ces pattes... C'est un dégoût très fondamental chez l'homme. On arrive à se raisonner, mais il y a un aspect répulsif chez beaucoup d'insectes... »

Le chat doit être stérilisé : un grand nombre ne peut vivre en ville. Ils seraient malheureux. La vie urbaine les fera souffrir. « Je pense qu'il ne faut pas qu'il y en ait trop car cela va se retourner contre eux. Il y a des gens qui vont les tuer. C'est la même chose que dans la nature où il y a des prédateurs. »

Le parallèle est fait. En l'absence de prédateurs, les gestionnaires doivent assurer la régulation des populations animales pour maintenir leur équilibre dans la ville. Cet équilibre étant le fait de l'homme, pour chaque espèce, on doit décider des seuils de tolérance. Il y aurait une vision globale de la ville, comme écosystème. Les seuils de tolérance dépendent des pressions sociales en faveur de l'animal.

De fait, selon les associations de protection et les vétérinaires, de plus en plus de propriétaires d'animaux familiers les font aujourd'hui castrer ou stériliser. Les pratiques ont évolué : en l'espace de cinq ans, le taux de stérilisation a augmenté de près de 12 %, soit 53,1 % pour les chattes et de plus de 8 %, soit 21,4 % pour les chiennes.

Si, pour l'aquariophile, la question de la maîtrise des populations est essentielle, il ne s'agit pas de contrôler la fécondité d'un ou plusieurs individus, mais d'assurer l'équilibre d'un micromilieu artificiel, comprenant des êtres vivants. Ce qui conduit à se montrer attentif à la vie de cet univers très fermé et soumis, comme le jardin, à la compétence du jardinier pour perdurer. « Un aquarium communautaire, comprenant plusieurs espèces où les animaux priment autant que le décor est intéressant. C'est l'ensemble qui m'importe. »

Un aquarium est un lieu où l'aquariophile peut surprendre de nombreux événements. La vie des poissons semble se dérouler de manière autonome ; on intervient sur des éléments de cet univers pour en assurer la reproduction. De l'élevage peut être réalisé. Ce rapport à l'animal est particulier. Il est lié à une connaissance d'ordre quasiscientifique de l'animal et de ses conditions de vie. Il nécessite une pratique expérimentale en miniature. La vogue actuelle des terrariums procède, probablement, du désir d'ordonner un monde.

Les excréments, l'alimentation et la reproduction des animaux jouent un rôle dans les discours les concernant. Même, ils sont la cause de son rejet. Par contre, on constate avec surprise que leur mort est peu évoquée. D'après des auteurs, dans nos sociétés occidentales, la mort est devenue un sujet qu'on élude. La mort de l'homme est devenue invisible, sauf à la télévision. Ou dans des romans qui la mettent en scène de façon violente, excessive, sans commune mesure avec l'expérience de chacun. Ce n'est pas sans rapport avec les difficultés éprouvées à l'idée des violences se déroulant dans d'autres pays : famine, etc.

En ce qui concerne l'animal, les abattoirs ont été repoussés hors des villes (Burgat, 1997). Il est rare de voir des cadavres d'animaux dans les rues. Les services vétérinaires les prennent en charge rapidement. Cette évolution va de pair avec l'importance croissante accordée à la propreté dans les villes. La ville est un espace de domestication de la nature extérieure à l'homme, mais aussi de la nature biologique de l'homme. On ne pense pas la mort de l'animal ; aussi, elle est interdite dans l'espace urbain. Au point que les citadins opposés à l'animal ne supportent pas l'idée qu'on les extermine : beaucoup se disent « archi-respectueux de la vie ».

Les cadavres d'animaux vus dans les rues dégoûtent. Ils évoquent la maladie, dégradent la ville. Susceptible de mourir, l'animal est d'autant plus sale. La mort du pigeon est mise en scène en ville. Les voitures les « écrabouillent ». Les maladies les rongent. « La vision d'un corps mort reposant dans le caniveau » insupporte. Un animal mort « ressemble vraiment à la mort. Un homme mort, tu pourrais te dire qu'il dort ». Un pigeon dans le caniveau ne dort pas. On se dit, il est mort... L'animal n'est pas autrui, un autre homme, dans le sens qu'il est sans feinte. Sa mort est véritable.

Sinon, on parle de la mort du compagnon, du chien, du chat chéri, avec lequel on a vécu de nombreuses années. L'animal est individualisé, donc irremplaçable ; à tel point, le malheur du propriétaire est profond. Des tombes antiques d'animaux et celles, plus récentes, des cimetières de chats et de chiens montrent l'importance de l'affection vouée à l'animal. Une femme, d'un milieu très aisé, parle de son mari qui a perdu sa chienne : « Il n'a pas pu l'enterrer. Je me suis dit, au bout de huit jours, on ne va pas s'en sortir. Je lui disais qu'il fallait la remplacer et il me répondait qu'on ne remplacerait jamais Mina. »

Aujourd'hui, tuer un animal devient difficile. Un grand nombre de citadins craignent d'écraser la blatte avec la main. L'insecte les dégoûte trop. Pour d'autres animaux, des mammifères, mais aussi des insectes, la question se pose différemment ; elle renvoie au rapport symbolique au vivant : « J'ai des fourmis chez moi. Je les ai laissé vivre. Je ne tuerais pas systématiquement, mais j'ai envie de pouvoir tuer quand j'en ai envie. » On ne tue plus si aisément, même pour manger. Une femme d'origine rurale pense qu'elle ne pourrait plus tuer un animal pour le manger, comme ses parents agriculteurs et propriétaires d'une ferme le faisaient. Avant, ce geste faisait partie d'un cycle, d'un processus de travail. « Maintenant qu'ils n'ont plus la ferme et sont à la retraite, ils hésitent eux aussi. »

Par contre, on n'hésite pas à se débarrasser des blattes ou d'autres insectes décrits comme des nuisances. Les personnes impliquées dans la protection animalière n'émettent aucune protestation. Pourtant, elles expriment une sensibilité particulièrement aiguë au vivant, à la vie : « J'aime tous les animaux sans exception : quand je vois qu'on empoisonne les rats, c'est vrai qu'il faut éviter la prolifération, ça me fait mal. J'ai déjà eu des cafards et je les ai tués. Ils viennent pour désinsectiser. Je ne peux pas vous dire ce que ça me fait. Mais il ne faut pas aller à l'extrême des choses. »

La vie organique de l'animal est à l'origine de son rejet et de conflits urbains. Impossible d'imaginer un animal urbain sans y associer un contrôle accru des différents aspects de sa vie, surtout de sa reproduction. Impossible, aussi, d'imaginer une ville sans animaux. À l'attention portée à l'animal, au soin accordé aux plantes, est associée l'idée d'un cœur sensible. Ne pas s'attacher au vivant témoigne d'un manque de sensibilité : « Un élément naturel leur manque ! Ce sont des constructions plus artificielles. » L'animal est un être vivant. Ce qui explique le désir qu'ont les citadins de sa présence, mais aussi, son rejet. Le désir de l'animal en ville est contradictoire et tend à accroître sa domestication. En définitive, rejeté ou désiré, l'animal en milieu urbain est une victime.

Chapitre 9

VICTIME DE LA VILLE

Sont étroitement corrélées la place de l'animal dans l'espace urbain et la place de l'animal dans la vie de la cité. Des citadins imaginent le rôle de l'animal dans le bien-être urbain : on devrait lui donner une place. Pour d'autres, l'animal est une victime ; il aurait du mal à vivre en ville : à respirer, à manger, à courir[1]... Les discours montrant que l'animal est une victime s'ordonnent autour de trois constats.

---

1. D'après Élisabeth de Fontenay, l'animal est une victime de tout temps : « C'est peut-être notre fait d'occidentaux juifs, grecs, chrétiens, obsédés de logos et de verbum, s'il n'y a pas assez de mots pour tous les vivants... » (*Le Silence des bêtes. La philosophie à l'épreuve de l'animalité*, Paris, Fayard, 1998, p. 22.) L'injustice faite aux animaux d'âge en âge relève de ce différend. Élisabeth de Fontenay cite à ce propos Jean-François Lyotard : « Quelqu'un éprouve plus de douleur à l'occasion d'un dommage fait à un animal qu'à un humain. C'est que l'animal est privé de la possibilité de témoigner selon les règles humaines d'établissement du dommage, et qu'en conséquence, tout dommage est comme un tort qui fait de lui une victime *ipso facto*. Mais s'il n'a pas du tout les moyens de témoigner, il n'y a même pas de dommage, du moins vous ne pouvez pas l'établir [...]. C'est pourquoi l'animal est un paradigme de la victime. » Et ceux qui établissent, à leur place, le dommage sont suspects, doublement : ils confondraient leur souffrance avec celle de l'animal ; ils ne diraient rien de l'animal, mais de ceux qui le font souffrir.

Premièrement, la matière urbaine serait contraire à la matière de l'animal. Le béton, le bitume dont les composants appartiennent au règne minéral sont opposés à la chair, vivante, animée, également à la matière organique en décomposition[2]. Le végétal, lui, est immobile à la différence de l'animal doué de motilité.

Deuxièmement, l'animal subit les désirs des citadins, parfois s'y soumet. Ils peuvent être néfastes. Le chien souffre, dit-on, de l'exiguïté des logements, de ne pas être plus à l'extérieur et d'être tenu en laisse : ces bêtes ont besoin d'espace. Ce qui explique le choix de petits chiens, pour certains. Le choix d'un petit animal – et le mouvement plus général de miniaturisation des animaux – serait un moyen (Digard, 1997) de créer un être vivant à échelle humaine, un jouet. Le terme *toy* utilisé pour le qualifier met en évidence que l'opération de réduction correspond à une appropriation de l'animal.

« À Paris, on ne peut pas avoir des chats ; les chats aiment courir. Un chien, il reste avec son maître. Il faut avoir un tout petit chien en ville ; parce que les gros chiens, c'est une ineptie. » Les gros chiens, selon des femmes, souffrent d'autant plus que leurs maîtres ne respectent pas leurs besoins. Pour elles, « le manque de scrupule, l'irresponsabilité de gens qui jettent les animaux » transforment les animaux en ville, en victimes. « Ça ne devrait plus exister à notre époque où les gens ont bien tous les moyens et sont alphabétisés. »

Au contraire, d'autres stigmatisent ce qu'on peut dési-

---

2. André Guillerme (GDR sol urbain, 1993) dit même que le sol urbain « est une partie souvent oubliée de la ville, le poubélien des géologues, la pédosphère des écologues, le tuyaucien des gestionnaires de réseaux, l'exhaussement des historiens, l'archive des archéologues ». « L'origine de la minéralisation (de son revêtement) est à rechercher dans la médecine néo-hippocratique ou pré-hygiéniste des Lumières dont les techniques urbaines n'ont retenu que la dénonciation de la morbidité terrestre mais non l'analyse. » De ce fait, depuis la naissance de la mécanique des sols au XVIIIᵉ siècle, il s'agit de recouvrir un milieu vivant « siège de décompositions révoltantes et hétérogènes ».

gner du terme de « passions domesticatoires ». Une envie, un sentiment qui correspond à un certain rapport à la nature. Son appropriation est liée à sa transformation, à la manipulation du vivant, à sa miniaturisation. Au nom de ce mode d'appropriation, des citadins se servent d'animaux comme de jouets[3].

Ces critiques ne disent pas que ce besoin d'animaux signe l'excès en matière de domestication de la nature et de réduction du monde, extérieur à l'être humain sur le plan des idées. Elles considèrent que ce mouvement vise à ramener la nature dans la ville : or il rend artificielle la nature.

Selon une femme, l'animal ne peut être associé à la nature en ville. Malheureux, il devient une victime. Les citadins sont indifférents à son bien-être : « J'avais acheté un petit cocker dans un chenil. On s'était dit que cela ramènerait un peu de nature, mais c'est totalement artificiel. Même pour les enfants, c'est un objet totalement artificiel. C'est un jouet en peluche. La bête n'était pas dans son milieu. Elle était heureuse en vacances. Elle avait une raison d'être là-bas ; en ville, elle n'a aucune raison d'être, sinon l'égoïsme de ses propriétaires. » Selon quelqu'un d'autre, choisir de posséder un animal qui sera forcément malheureux en ville, c'est un abus de pouvoir. On abuse du statut de servitude auquel les animaux sont réduits. Les animaux ne protestent pas. Ils savent qu'ils n'ont pas le choix ; s'ils désobéissent, c'est la mort.

Les « passions domesticatoires » sont critiquées tant dans le discours commun que savant. On pointe du doigt des femmes et on les qualifie d'excessives. Les critiques présupposent l'idée d'un animal en soi, pour soi. En conséquence, un bien-être de l'animal dont les sciences de la vie définiraient les normes et l'objectivité. Sans se référer à des

---

3. Comment envisager un rapport au vivant qui conduit à une domestication accrue et fait participer des animaux aux sociétés humaines sans le condamner sévèrement, comme le fait Jean-Pierre Digard dans son ouvrage *Les Français et leurs animaux* (Paris, Fayard, 1999) ?

ouvrages ou des revues savantes, elles se fondent sur des observations « naturalistes », un rapport à la campagne où serait la « vraie » nature.

Enfin, l'animal urbain aurait de mauvaises conditions de vie. Elles ont été définies par et pour des êtres humains. Il n'y a pas de place pour l'animal en ville. Les voitures sont nombreuses et dangereuses. La pollution est importante. Les appartements sont de taille réduite. Les jardins sont interdits aux bêtes. Même, les animaux non désirés souffriraient du milieu urbain. À l'origine, le pigeon est un animal sauvage. Il subirait la pollution, l'agressivité des citadins et serait transformé. Le pigeon serait une cible : « Les pigeons sont soumis à des tortures épouvantables. C'est un défouloir, le pigeon. Il y a des pigeons qui sont écrasés. » Ces remarques concernent tous les oiseaux. Leurs conditions de vie les changeraient. Comme les citadins, ils deviendraient solitaires, agressifs. Ainsi, les oiseaux sont « agressifs à cause de la pollution, du manque de verdure » ou « la lumière de la ville les dérègle, la ville, c'est du béton ».

C'est vrai. Le comportement et le mode de reproduction des chats errants changent en raison de la fragmentation spatiale des abris, de la nourriture et de la petitesse corrélative de leur territoire. Mais, en définitive, quand les citadins décrivent l'animal comme une victime en ville, ils parlent d'eux-mêmes. Ils ne sont pas des adultes sachant composer avec les contraintes, mais des êtres sans défenses : « Ce qui n'est pas bien pour les êtres humains n'est pas bien pour les animaux non plus. » En ville, les victimes du mode de vie et d'habiter sont les « clochards ». On les compare au chat errant, sans foyer. Ils ne peuvent pas se protéger de l'agressivité urbaine.

Des « nourrisseuses » mentionnent l'égalité devant la souffrance, comme ce qui a motivé leur action vis-à-vis des chats : « Il n'y a pas de petite ou de grande souffrance, il y a une souffrance qu'elle soit animale, humaine. Quand on voit mourir les chats, je vous garantis que, dans les yeux d'un humain ou d'un animal, c'est pareil ! » Au point que l'une d'elles compare le sort fait aux animaux avec celui, réservé aux hommes durant la guerre : « Capturer les êtres vivants pour ensuite les passer à la chambre à gaz ou les empoisonner, qu'est-ce, sinon du pur nazisme ? » Elle montre ainsi que la question du contrôle de l'animal, de sa reproduction est riche d'implications. Les nourrisseurs ne sont pas les seuls sensibles à la souffrance des animaux.

Jusque récemment, bien qu'avec de nombreuses controverses[4], on pouvait éluder la souffrance animale. Aujourd'hui, de plus en plus de gens y sont sensibles. Et de nombreux spécialistes du comportement animal l'ont mise en évidence. Des écrivains (Döblin, I.B. Singer, Grossman, Primo Levi) considèrent même une communauté de destins entre l'homme et l'animal devant la souffrance. Ce renouveau du regard sur l'animal est lié, notamment, aux traitements réservés aux juifs, mais aussi à d'autres, pendant la Seconde Guerre mondiale. Alors, on a traité des hommes comme on traite les animaux aujourd'hui, traitement aggravé par le fait que bon nombre de prisonniers ne parlaient pas la même langue que leurs gardiens. Cependant, on constate que la souffrance animale est un thème ignoré des pouvoirs publics, que seuls les protecteurs des animaux osent rappeler : ils luttent contre la souffrance ; d'autres disent : pour le respect du vivant associant les termes de vie et de souffrance. Ce qui provoque l'indignation des gens qui font de l'homme un sujet d'exception.

De façon générale, la souffrance des animaux vient rarement au premier plan des discours. Qu'on reconnaisse que l'animal souffre ne suffit pas à ce qu'il devienne un enjeu de société ; d'autant plus que cela pourrait remettre en cause le mode d'alimentation des sociétés occidentales. Aussi, la notion de souffrance a beaucoup évolué ces dernières années et des écologistes se représentent la Terre comme une entité vivante, qui souffre. Liée à l'idée de souf-

---

4. Élisabeth de Fontenay, *Le Silence des bêtes, op. cit.*

france, un véritable débat politique et scientifique : reconnaître la souffrance d'une entité comme importante, revient à lui accorder une place dans la vie de la cité. Ainsi, valoriser le lien à l'animal revient à favoriser un aspect du monde sensible. Aujourd'hui, on fait appel aux sentiments, à l'affection du maître à l'égard de son animal, dans la mesure où ceux-ci peuvent se traduire par un achat. De plus, la distinction homme/animal est associée à des enjeux importants : quel est le rapport nature/culture, et leurs rôles respectifs dans l'explication des sociétés humaines ? Si l'homme est déterminé biologiquement (comme l'animal), où est l'homme ?

Il y a donc une relation entre la valeur accordée à la souffrance animale et la distinction homme/animal. Au point que traiter mieux les animaux serait les traiter « plus humainement ». Cette femme qui nourrit l'explique : « Pourquoi ne pas prendre exemple sur des pays comme l'Allemagne, l'Italie, l'Angleterre où les animaux sont traités plus humainement ? Les autorités prennent en charge la stérilisation des chats errants et l'introduction de produits contraceptifs dans la nourriture. »

Les « nourrisseuses » ne s'occupent pas uniquement de la souffrance des animaux. Souvent, elles prennent en charge des hommes : « J'ai horreur, s'il y a un malheureux à ma porte, de ne pas pouvoir porter secours même si c'est qu'un chat. Si c'est un mendiant, on lui achète sandwich ou autre ; si c'est un chat, c'est un chat, et j'essaye de le secourir. » À ce titre, certaines finissent même par constituer un pilier de la vie locale. Malgré tout, elles préfèrent s'occuper des animaux : tâche solitaire, qu'elles considèrent plus gratifiante que de s'occuper des hommes.

Dans la cité, le zoo est le seul lieu réservé à l'animal. Cette institution date du XVIIIe siècle (Baratay, 1998). Pour des citadins, il est un lieu d'observation de la faune sauvage. Une anthropologue américaine disait que sa passion pour les gorilles venait de leur observation au zoo. Adultes et enfants ont une vision d'un animal concret, autrement qu'à la télévision : « Les chameaux, je me dis qu'ils seraient mieux dans le désert. Pour les animaux qui sont nés là, je me dis qu'il n'y a pas d'autre moyen de voir des animaux de ces pays-là... »

Pour des gens d'origine rurale, aller au zoo regarder des animaux n'est pas une activité intéressante : l'animal n'est pas dans son milieu. Alors, il n'est pas réel, mais un artefact à l'intention des citadins. Il vaut mieux voir un animal filmé dans son milieu, à la télévision. Aussi, l'animal au zoo est détourné de ses fins réelles. Un lion est fait pour courir dans la savane, s'y reproduire. Le plus souvent, le milieu naturel est défini comme le milieu d'origine, où les animaux sont nés.

Pourtant, connaître un animal suppose un contact, un échange. On ne peut comparer l'impression née de la vision d'un animal à la télévision et celle liée à sa rencontre, en chair et en os, au zoo. Mais les citadins vivent de façon négative le contact des animaux dans les zoos. Ils prétendent y aller pour leurs enfants ou petits-enfants. « Quand le gorille vous regarde, il a un regard humain. Cela m'avait retourné. Après j'ai appris qu'ils l'avaient piqué. »

Le zoo est un endroit où des animaux sont incarcérés. Ils ne sont pas heureux, ils ne connaissent pas le bien-être. Enfermer des êtres vivants aux seules fins de les admirer montre l'égoïsme de l'humanité. Peu de citadins justifient le zoo comme un conservatoire d'espèces, ce que font des scientifiques.

Des citadins rapprochent l'homme et l'animal afin d'évaluer le bonheur des animaux. On compare l'animal enfermé à l'homme en prison. On s'imagine vivre dans un espace exigu, sans avoir un minimum « d'espace vital ». Ainsi, on définirait la taille d'un territoire nécessaire pour qu'un individu, une espèce, vive conformément à ses besoins.

Il y a projection. L'animal est prisonnier des usages humains. Aujourd'hui, des citadins se sentent prisonniers dans la ville. Ils subissent d'importantes contraintes qu'ils évitent ou affrontent, avec violence. La liberté serait à la campagne, ce qui constitue un renversement de valeur. Au début du siècle, ville et liberté étaient des termes associés [5]. Dans les villages, l'individu était prisonnier des usages et des coutumes. Le nombre de personnes qu'il pouvait rencontrer était limité. Il ne pouvait échapper à un avenir, tracé dès la naissance. Par comparaison, et parallèlement à l'avènement du sujet dans nos sociétés (Gauchet, 1998), en ville, l'individu profitait d'une liberté nouvelle. Actuellement, les représentations s'inversent : est-ce en raison du renouveau des valeurs associées à l'idée de nature ? Ces valeurs s'inscrivent, à croire les paroles d'une citadine, dans une tradition rousseauiste : « C'est ma propre animalité que j'ai mise en cage. À la campagne, je me sentais dans une communion. Je me baignais dans les torrents d'eau froide, je jouais à la sauvage... »

Donc, animal et homme vivraient mieux à la campagne. L'animal n'y serait pas victime de « passions domesticatoires », ni de modes d'habiter. Il serait dans son élément, plus libre. Ces discours expliquent que protéger l'animal s'associe à une misanthropie. Les sociétés humaines sont accusées.

Les discours où l'animal est heureux à la campagne concernent le bien-être animal. La ville est synonyme de civilisation, où « nature et bêtes sont rejetées et le béton privilégié », où seules des bêtes « dénaturées, malignes » ont survécu dans « un milieu hostile ». Seuls de petits animaux, les hamsters, les poissons rouges, ont leur place dans

---

5. À l'aube du XXe siècle, Georg Simmel, philosophe allemand, dont la théorie en sociologie exerça une grande influence en Allemagne et dans les pays anglo-saxons (1858-1918), aborde, comme Rousseau, la ville comme une structure sociale spécifique impulsant des modes d'être en société et une mentalité particulière. À la différence de Rousseau, pour Simmel, c'est la ville qui autorise le développement de la liberté et non la nature ou la campagne : elle est le lieu où peut s'exprimer l'individualité, qui est liberté, et qui se traduit dans l'élaboration d'un mode de vie et d'une mentalité urbaine spécifique.

le logement, en ville. Le chien ne peut plus courir, le chat devient neurasthénique.

Plus encore, ces animaux ne conservent pas leur identité. Ils deviennent sales, méconnaissables. Le pigeon est traité de « poubelle volante » ou « rat volant » : il vit des déchets. À la campagne, on l'appelle tourterelle. Les discours sont très négatifs au sujet de la blatte : elle est associée au milieu des canalisations et des égouts. À la campagne, une punaise n'est pas répugnante. Une jeune femme explique : « Un cafard dans la campagne fait moins peur qu'une blatte sur un mur. C'est le côté aseptisé d'une ville qui ne l'est pas tant que ça. C'est dans l'idée : la ville, c'est du béton, il n'y a rien qui dépasse. Tout est clean, bétonné. Par terre, c'est du goudron. »

La ville est l'espace de la maîtrise de la nature et de la propreté. Alors, la blatte est une saleté. À la campagne, les animaux, les lézards par exemple, peuvent entrer dans les maisons. En ville, tout doit rester « propre, net ». L'inutilité sociale des animaux renforce l'idée qu'ils ne sont pas désirés. Juste un objet d'affection, comme une poupée. À l'extérieur du logement, ils n'ont pas de véritable place, ils sont « marrons », ni sauvages, ni domestiques. Ce sont des animaux domestiques retournés à l'état sauvage, qui en souffrent : « Les chats errants sont comme les esclaves marrons socialement mal situés ! » dit une femme originaire du monde rural.

Les insectes seuls ne sont pas malheureux en ville, dit-on. Comme les oiseaux, on ne peut pas dominer, ni restreindre leurs mouvements, en apparence. Ils sont libres d'aller et venir : « Les insectes, on ne peut pas les caser dans un endroit ou dans un autre. La plus belle chose qu'ils ont, c'est la liberté... »

Ces discours font de l'animal un être heureux à la campagne, milieu idéalisé. Aujourd'hui encore, des citadins rêvent de la ville à la campagne. Leurs discours prolongent les préoccupations des urbanistes qui, dès le siècle dernier, préconisaient l'assemblage de la ville et de la campagne. On aurait dit les pièces d'un puzzle. Aussi, ils recommandaient un mode de vie citadin plus campagnard.

Les animaux devraient être « jolis ». Ainsi, en les voyant, on penserait à la campagne. Ils ne se transformeraient plus au point d'apparaître urbains, imprégnés de leur nouvelle identité territoriale. Le sentiment esthétique aide à apprécier l'animal : « Tous les animaux qu'on rencontre en ville sont des animaux avec une couleur triste... Ce sont des espèces de trucs un peu crades qui ne se lavent pas. » Cependant, le vécu du milieu détermine le rejet de l'animal. Ce n'est pas la couleur de sa carapace ou de son plumage. Associer animal et saleté revient à constater qu'il est déplacé en ville. À leur place dans les campagnes, ils ne sont pas sales. Deux modes d'habiter, deux types de rapport à l'animal et à la nature : l'un rural, l'autre urbain.

De façon contradictoire, les citadins répètent qu'une ville sans animaux serait triste : « Il n'y a déjà pas beaucoup de nature, pas beaucoup d'arbres. C'est de la vie quoi... » Pourtant, nul ne trouve que chien, chat, pigeon sont à leur place.

Chapitre 10

NI DOMESTIQUE NI SAUVAGE

Quoi de plus simple que de distinguer les animaux sauvages des domestiques ? Apparemment ! En vérité, la limite est floue. Pour les citadins, depuis longtemps, comme l'écrit Keith Thomas, « de nombreux événements naturels étaient considérés comme de mauvais augures car ils semblaient brouiller ces catégories de "sauvage" et de "domestique" autour desquelles gravitait une si grande partie de la pensée populaire. Il était toujours inquiétant de voir des créatures sauvages empiéter sur le domaine des hommes : si une ville était subitement infestée de geais et de hiboux, par exemple, ou si une abeille sauvage entrait en volant dans une maison, ou si une troupe de requins accompagnait un navire, ou si un corbeau faisait son nid sur le clocher d'une église, ou si une corneille descendait par la cheminée, ou si une souris courait sur vos pieds, ou si un rouge-gorge tapait à la fenêtre » (1985, p. 99).

Aussi pour les institutions qui traitent la question animale. « La zoologie elle-même n'apporte pas de réponse nette. Le flou de la limite sauvage/domestique a été entretenu par l'usage inconsidéré qui continue d'être fait de la notion de domestication. Les zoologistes ont encore trop tendance à considérer la domestication comme un état définitif de certaines espèces, et les archéologues à la réduire à ses premières réalisations néolithiques. » (Digard, 1998.) Le droit comporte aussi de nombreuses imprécisions [1].

Peu étonnant que les enquêtés soient perplexes quand il s'agit de référer tel ou tel animal à une de ces catégories. Alors, ce classement dépend de l'individu, du mode d'habiter, du rapport à l'animal. Aussi des modes de vie des animaux et des lieux dans lesquels on les voit. Le contexte est donc un élément de la définition de l'objet « animal », d'où la diversité des classements.

Rares sont les personnes qui voient les animaux comme à peine plus que des végétaux. Ils répondraient ce que leur maître ou la personne qui leur parle veut bien entendre. Se les représenter comme des individus serait le trait d'une culture urbaine : « On accorde en ville une individualité aux animaux familiers, ce qui me semble totalement erroné, une valeur humaine. »

Le rapport de la femme âgée à son chien serait un substitut de relation humaine. Le terme « gâteuse » utilisé désignerait cette confusion. « Tous les jeux de projection, que les vieilles dames, que les enfants, les adolescents, n'importe qui, ont, consistent à retrouver quelque chose de l'humain, dans quelque chose... Les animaux ne répondent pas de manière articulée, d'où l'intérêt de la relation. Ils répondent ce que l'on veut bien entendre. On a l'impression qu'ils répondent par le regard, par les attitudes. Il y a une interaction, il y a un échange, il y a une communication. » Les gens critiques d'un mode de relation homme/animal le voient comme foncièrement inégal. L'animal renvoie à son maître. Jamais à lui-même.

Seuls des citadins de milieux populaires font explicitement le parallèle. Ils comparent le rapport entre deux êtres humains et celui avec l'animal. C'est audacieux, du point de

---

1. Ramdane Babadji, « L'animal et le droit : à propos de la déclaration universelle des droits de l'animal », *Rev. jur. env.*, janv. 1999.

vue des normes de valeurs, et critiqué : « L'animal pour moi, c'est un être humain : il y en a qui considèrent la bête comme une bête, pour moi non. Le chat, c'est comme un enfant... C'est qu'ils ne les aiment pas. Oh ! ils disent, c'est jamais qu'une bête... »

Pour d'autres, échanger avec un animal est essentiel ; les possibilités d'échange sont associées au fait qu'il soit pensé domestique ou sauvage : ce serait facile de communiquer avec un animal domestique, impossible avec un animal sauvage. C'est un rapport premier, le médiat n'est pas la parole, mais le toucher, l'odeur... Ce qui effraie des citadins pour qui parler est le mode de communication essentiel. C'est un rapport au « naïf, au naturel ». Ce versant de la relation concernerait les enfants, eux-mêmes naïfs et proches de la nature. Mûrir ne serait pas un simple fait biologique, mais reviendrait à s'éloigner de l'état animal. On deviendrait plus humain, civilisé. Pourtant, les faits ne confirment pas ce lieu commun. Ne dit-on pas que l'enfant traite en jouet, l'animal ? Une femme décrit le lien complice entre son petit-neveu et les animaux : « Il les prend pour des gros nounours. »

De nombreux citadins critiquent ce traitement de l'animal. Les animaux ne sont pas des peluches, mais des individus avec du caractère. Même, ils manifestent une sensibilité. Ils peuvent être tristes, gais ou fatigués. L'enfant serait incapable de se sentir responsable de l'animal comme d'un être vivant. Et ces comportements irresponsables envers le vivant animé engendreront des catastrophes écologiques. La Nature sera en colère.

Cette pensée de l'enfance la lie à l'idée d'innocence et d'une communication sans frontière : c'est le jardin d'Éden. « On a perdu cette faculté de communiquer de façon naturelle avec les animaux qui était à l'origine. » Or on communique facilement avec un animal domestique. Il n'a pas peur de l'homme. La relation à l'animal restituerait-elle une vision du paradis ? On ne peut échanger ainsi avec un animal sauvage, dit dangereux. Une femme réserve l'appellation de domestique au chien et au chat. Ils vivent dans un milieu terrestre, comme l'homme, et à la différence du poisson rouge : « Il y a un lien affectif avec le chat et le chien. Le poisson est dans son bocal et je n'ai pas la sensation qu'il peut y avoir un échange. »

On considère que l'animal domestique dépend de l'homme. Il n'est pas autonome : « Il est réduit souvent à l'état d'objet : objet de plaisir, objet d'affection. » Il est lié « au bon plaisir de l'homme ».

Aussi, sont définis comme domestiques les animaux qui relèvent d'un foyer, d'une maisonnée, qui font partie de la vie de ses habitants. Pourtant, ils sont parfois seulement domestiqués, notion qui diffère de domestique. Alors, la domestication n'est pas définitive. À tel point qu'un animal domestiqué dans une maison, qui en fait partie, peut se révéler une nuisance dans d'autres. « Quand j'étais petite, j'avais un chat. Il était gros, gras, le Raminagrobis de La Fontaine, beau, domestiqué et doux. Mais ce chat suivait son instinct et allait voler le poisson trois ou quatre maisons plus loin. »

Sont référés à la catégorie du domestique, des animaux d'espèces diverses. Parfois, les cochons d'Inde, hamsters, poissons rouges sont définis comme domestiques. Ils dépendent de l'homme et se trouvent dans le foyer. Mais le plus souvent, ils sont considérés sauvages. Ils n'établissent pas un vrai contact avec l'homme. Trop petits ! La taille de l'animal doit être en rapport avec celle, humaine. Question d'échelle ! Différent, le chat peut être référé en même temps à la catégorie du sauvage et du domestique. Défini comme domestique, on précise qu'il peut redevenir sauvage et ne plus dépendre de l'homme. Décrit comme un animal sauvage, on le montre capable d'aimer le contact de l'homme.

Par comparaison, le chien est dévalorisé, ou au contraire valorisé. C'est l'animal domestique, par excellence : « Les chats ne sont pas sauvages ; ils ne peuvent pas vivre sans moi. Ils sont depuis longtemps domestiqués. Mais l'attitude de beaucoup d'hommes avec les chiens me gêne. Je n'aime pas l'idée d'imposer sa volonté à un animal. Le chien est plus domestique que le chat. On lui a donné l'habitude de vivre en rapport étroit avec un maître. Le chat n'a pas de maître, on ne peut le dresser. »

On se représente les animaux domestiques, proches de l'homme, et les animaux sauvages comme lointains. Attributs qui fondent les discours qui les distinguent. Peu d'animaux des villes sont sauvages, sauf et éventuellement, les animaux dans les parcs. L'animal sauvage n'est pas en rapport avec l'homme. Vivre dans la ville, c'est vivre avec l'homme. L'animal sauvage fait partie « d'un autre monde ». Il n'intervient pas au quotidien. Peut-être est-il associé aux vacances, d'où l'idée qu'il se trouve dans des pays lointains. Il est associé à des milieux définis : la jungle ou la savane, notamment. Sa beauté, l'admiration qu'on lui porte joue dans sa définition : « C'est plus beau, j'adore les animaux sauvages. » Les voir évoluer dans leur milieu est une source de plaisir esthétique. Les citadins disent aimer regarder les documentaires au sujet des animaux sauvages, à la télévision.

Outre les catégories de « sauvage » et de « domestique », les discours se réfèrent à une troisième catégorie. Celle, des espèces urbaines. Ni domestiques ni sauvages, elles sont inféodées au milieu urbain. On y met le rat, le pigeon… Même la blatte. Cette catégorie est à rapprocher de « nuisance » ou de « nuisible » : animaux associés à la saleté, pas à leur place. « Un pigeon, c'est une nuisance. Ce n'est pas tout à fait du sauvage, mais ne fait pas partie du domestique. Il provoque des nuisances autour de lui. » Le pigeon, même s'il ne dépend pas de l'homme directement, lui est lié. L'homme est une source de nourriture. On ne peut l'assimiler au faucon crécerelle, un animal sauvage : « Le pigeon n'est ni sauvage ni domestique : c'est un animal urbain. Car il est dans la ville, il est dans un environnement qui n'est pas naturel. Ce n'est pas un oiseau libre. » De même, le rat est indissociable de l'habitat humain.

Les espèces urbaines sont qualifiées de dénaturées. Elles auraient muté pour s'adapter à l'homme. Elles ne sont plus inscrites dans le cycle de la nature : « Le cafard est un animal sauvage, devenu mutant avec l'urbanisation, avec la vie moderne. Les étourneaux sont devenus très agressifs... Je crains des bêtes mutantes qui seront peut-être dangereuses pour les enfants et de plus en plus sales. »

Au point que le terme d'animal ne désigne pas toujours la blatte. Les qualificatifs employés pour la décrire mettent en évidence son aspect répugnant : « objet rampant », « sale » ou « grosse bête », « petites pattes monstrueuses ». Plus précisément, « petite bestiole noire et marron ». La forme, la taille, la couleur, le caractère rampant, les « petites pattes monstrueuses », la manière qu'elle a de grouiller et sa reproduction provoquent la répulsion. Son animalité et son autonomie alimentent les représentations concernant sa mobilité dans l'immeuble et la manière dont elle pénètre dans les appartements et s'y cache. Elle viendrait de chez les voisins, ou de quelque part dans l'immeuble où se loge un nid, ensuite, « ça passe partout, c'est comme l'eau, une petite fêlure suffit ». La blatte est considérée plus répugnante que d'autres insectes, à l'exception de la mouche, qui, elle aussi, véhicule maladies et microbes, mais, « les cafards, on ne peut pas s'en débarrasser, ça revient automatiquement », tandis que la mouche vole et s'en va par la fenêtre.

Du coup, la blatte est à la limite du sauvage et du domestique. Domestique, pour la majorité : elle cohabite, ne provoque pas la peur. Sauvage, pour d'autres : elle fuit à l'approche humaine, est imprévisible et de provenance inconnue. Avant tout, c'est une « bestiole », un « poison » et, parfois, un insecte. La blatte est animale, et non un animal. *A contrario*, on peut supposer que les « animaux » en ville sont amenés, désirés et à leur place, à la différence de la blatte, du pigeon. Ce sont les animaux domestiques, dépendants et dressés. De manière générale, la catégorie de l'animal renvoie plus aux mammifères, y compris le chat, le chien, ou d'autres animaux associés à l'idée de nature.

Aujourd'hui, une autre expression est utilisée pour définir le statut de l'animal urbain : celle d'animal libre. Ce sont les chats errants, essentiellement. L'association de l'École du chat a créé l'expression : « On a créé quelque chose entre les deux : l'animal libre. Les animaux qui sont dans les squares, les cimetières et autres ne sont pas vraiment sauvages sauf si on les a maltraités. » Pour certains, la formule peut concerner un animal domestique dit libre : « Au parc des Buttes-Chaumont, j'aime regarder les canards. J'aime voir les animaux vivre libres dans la nature. »

Deux pôles se dessinent : les animaux proches de l'homme avec qui ils cohabitent ; les animaux n'ayant aucune relation avec l'homme. Un pôle où l'animal participe de l'environnement humain. Un autre où il se trouve dans des lieux lointains et préservés, en relation avec l'idée de nature.

On voit que le mode d'habiter la ville est source de difficultés pour penser et classer l'animal, ordonner les rapports société/nature. Alors que la maîtrise du biologique est croissante, les catégories et l'ordre symbolique qui fondent la pensée du rapport homme/animal sont bouleversés.

Chapitre 11

CITADINS ET RURAUX

Aujourd'hui, on constate que la plupart des citadins nés en milieu urbain ont une faible connaissance du vivant végétal ou animal ou d'autres éléments dits naturels. Plutôt, leurs savoirs de la nature diffèrent de ceux des sciences de la vie et on les connaît peu. Beaucoup ne distinguent pas les arbres et ne remarquent pas la diversité végétale en ville. Sur le plan lexicologique, le langage employé est pauvre. Ainsi, seront utilisés les mots d'arbre, d'arbrisseau, de fleur ou de buisson et peu d'autres. Au point que la végétation n'est plus qu'un décor de verdure, transformable à volonté, assimilable au mobilier urbain.

Par contre, ceux qui jardinent ont une connaissance plus fine du monde végétal. Il en va de même en ce qui concerne l'animal. Les citadins ont l'idée que la ville est un milieu dépourvu de vie animale. Les métaphores utilisées pour dépeindre l'animal sont issues d'un monde moderne, un univers urbain empreint de références culturelles, qui résultent de l'artifice[1].

____

1. On suppose que leurs savoirs sont d'un genre nouveau, lié à l'évolution des modes d'habiter. Il est urgent de mieux les connaître : ce qui

Les personnes d'origine rurale ont des représentations et des pratiques de l'animal différentes des personnes d'origine citadine. Du point de vue du vécu, on peut distinguer, encore aujourd'hui, deux modes d'habiter, rural et urbain. Ce sont des catégories essentielles qui rendent compte de différences dans les modes d'appropriation des lieux, de transformation du monde matériel. La distinction rural/urbain a encore un caractère opératoire.

L'enfance constitue un des principaux moments de la vie où le citadin est proche de l'animal. Toutes les personnes ont alors possédé ou approché des animaux. En particulier, quand elles sont d'origine rurale. Si bien que les personnes interrogées y font toutes référence pour parler de leur rapport actuel avec l'animal. Nombreuses sont celles qui acquièrent, à ce moment, au travers d'une pratique, des habitudes à l'égard du vivant animé.

La possession d'un animal en ville est l'objet d'un choix ; il joue un rôle dans le mode d'habiter. Des citadins considèrent que cela doit faire partie de l'éducation des enfants. Des parents, mais aussi des médecins, des psychologues valorisent la richesse du rapport à l'animal. Les enfants doivent avoir un compagnon comme le chien et le chat. Ils doivent se sentir responsables d'un être vivant, en comprendre les besoins, mais aussi les difficultés.

Dès l'enfance, au travers de l'éducation et de la place de l'animal dans cette éducation, des cultures[2] de l'habi-

---

nécessite une méthode d'observation « flottante » (Pétonnet, 1982), parmi d'autres. Ces savoirs sont relatifs au confort d'habiter : le citadin se figure les endroits chauds et froids de la ville, ceux qui sentent mauvais. Même, il modifie sa façon de vivre son logement en fonction d'un rapport au milieu. Voir aussi Michel de Certeau, Luce Girard, Pierre Mayol, *L'Invention du quotidien : habiter, cuisiner,* Paris, Folio « Essais »,1993.

2. Marc Augé distingue « deux infléchissements majeurs de la définition de la culture : la culture comme ensemble de "traits", aussi bien techniques qu'institutionnels (l'arc, les flèches, l'horticulture, la matrilinéarité) – la culture comme somme coextensive à l'ensemble du social – et la culture comme regroupant des valeurs singulières irréductibles aux déterminismes économiques et sociaux d'une société – la culture comme

ter[3] se transmettent. De ce point de vue, on distingue les citadins d'origine rurale, de ceux qui ont grandi en ville. Les représentations du rapport à l'animal invitent à réfléchir sur les modes d'habiter rural et urbain.

Les citadins d'origine, outre le chat et le chien mentionneront d'autres animaux, le poisson rouge ou des rongeurs. Ils parlent tous de la reproduction et des problèmes engendrés. Ainsi, la mise à mort des « petits » est évoquée comme un moment difficile. L'animal donne à voir à l'enfant, lui apprend, ce qu'un homme d'origine rurale appelle « la vie », c'est-à-dire la mort, la souffrance, la reproduction. Beaucoup parlent de la responsabilité vis-à-vis de l'animal, comme d'un rapport de pouvoir. À la différence des citadins d'origine rurale, ils mentionnent la dépendance de l'animal à leur égard, comme une marque d'affection, jouant un rôle important dans leur vie. Pour la grande majorité, la présence de l'animal en ville est nécessaire, à condition d'être régulée.

---

supplément au social. Dans tous les cas, du point de vue qui nous retient ici, la culture définit une singularité collective. Collective, elle correspond à ce qu'un certain nombre d'hommes partagent ; singulière, à ce qui les distingue d'autres hommes » (*Le Sens des autres, actualité de l'anthropologie,* Paris, Fayard, 1994, p. 89-90).

3. Ces représentations et pratiques font intervenir le rapport au milieu, de manière générale, rapport qui procède d'une culture. On l'appellera culture de l'habiter. Selon les lieux vécus, habités, passés ou actuels, les modes d'habiter, s'élaborent des cultures propres à de petits groupes. Les comprendre nécessite de restituer la manière dont les différents modes d'habiter font sens pour l'individu, leur logique. Analyser les cultures de l'habiter, c'est faire intervenir la question de la « reproduction sociale » (l'héritage en matière d'habiter et l'avenir qu'on envisage pour ses enfants ou soi-même). C'est mettre en évidence le mode d'intervention des gens dans la production d'un milieu durable. C'est montrer la façon dont les individus, au travers de leurs choix en matière d'habiter, expriment une autonomie, se construisent comme sujet ou se représentent comme personne.

En fonction des cultures de l'habiter, les représentations et pratiques à l'égard de l'animal diffèrent. Pourtant, on distingue toujours l'animal désiré de l'animal non désiré. En effet, on rêve son milieu de vie et la maîtrise que l'on peut en avoir. La blatte ne fait pas partie de ce milieu de vie rêvé. Seul l'animal désiré, dans la mesure où il peut être maîtrisé, y est intégré.

Au contraire, les citadins d'origine rurale, de famille d'agriculteurs, s'opposent à la présence des animaux en ville. Les animaux ne font pas partie de la vie des hommes, ni de la maisonnée. Ils doivent être indépendants, autonomes : « Quand j'étais petite, je vivais à la campagne et nous avions des animaux. Ils menaient leur vie de chat, complètement autonomes. » Les animaux doivent vivre dehors et non dans la maison, espace d'ordre humain. L'extérieur reste, même pour des citadins d'origine, un espace associé à l'idée de nature. Il y a donc deux mondes : celui du dedans, et celui du dehors. De ce point de vue, le rapport à l'animal paraît plus naturel à la campagne. Il respecterait la nature de chacun, homme et animal, et leur réserverait des mondes. En ville, l'animal intégrerait le monde de la culture qui s'oppose au monde de la nature, plus présent à la campagne.

Pourtant, le compagnonnage homme/animal à la campagne n'est pas exclu, comme le dit une jeune femme d'origine citadine. Elle raconte qu'elle doit son rapport aux animaux à sa grand-mère paysanne qui avait des animaux de ferme et un chien, comme compagnon.

Les représentations communes montrent qu'il y a une « vision paysanne » de la nature. Ce que madame C. appelle « un réalisme paysan ». Dans cette vision, les éléments de nature ont une place qu'on ne doit pas confondre avec celle de l'homme. L'agriculteur exploite la nature : il laboure, sème, fertilise, récolte les fruits de la terre. Le citadin oublie la nature, élude son rapport au monde matériel et le transforme en un objet de rêve. Pour les citadins d'origine rurale, l'animal fait partie de la nature. Terre et animaux vont de pair, on ne peut penser l'un sans l'autre. Ils s'inscrivent dans une même histoire : ils font partie d'un même milieu de vie. Tandis que l'animal n'a pas de place en ville : les lieux urbains n'étant pas pensés comme nature, les animaux ne doivent pas s'y trouver. Ils ne sont pas intégrés dans le mode d'habiter urbain. Ils sont « en plus » de la ville. En outre, des citadins ont envers eux un comportement violent, qui les réduit à l'état d'objet. Certains éludent le fait que l'animal est être vivant, faute de le savoir, de vivre en contact avec la nature : ils oublient de le nourrir, de le soigner...

Une différence existe aussi entre les citadins et les ruraux d'origine, en ce qui concerne les sentiments portés à l'animal. Les citadins feraient du « sentiment » à l'égard des éléments de nature. Pire, ils considèreraient les animaux comme des enfants. Ils confondraient le monde animal et le monde humain. Les gens d'origine rurale expliquent cette confusion : les citadins sont isolés, ne sont pas insérés dans des réseaux de solidarité, ce qui les rapproche de l'animal. De leur côté, les personnes issues de la campagne « traditionnelle » (c'est-à-dire se distinguant des « néo-ruraux » qui vivent à la campagne comme dans un lotissement de banlieue) ne peuvent pas faire de sentiment envers l'animal, sinon elles ne pourraient plus le faire travailler ni le tuer. Les animaux sont élevés pour qu'on les mange, qu'on exploite leur force de travail. Celle-ci dépend du fait qu'ils soient bien traités, bien « vivants ». De ce fait, les animaux familiers ne seraient pas considérés comme des animaux domestiques.

S'opère entre l'animal des villes et celui des campagnes, la distinction entre utile et inutile, entre bête de travailleur et bête de bourgeois, fainéante, improductive, réifiée. Les catégories, les manières de penser, classer l'animal, sont liées aux modes d'habiter. Une nouvelle façon de penser le vivant s'élabore aujourd'hui, en ville : on peut craindre qu'elle fasse du vivant un objet régi par des forces mécaniques. Alors que la blatte, être vivant, échappe à la réification, dans la mesure où elle est représentée comme indestructible, pouvant survivre à l'homme en cas de catastrophe. Inspirant le dégoût, elle n'est pas un être vivant, fragile, rare, elle est ce qui « survit ».

De ce fait, ces deux catégories de citadins ont une même vision de la cruauté. Ce sont plutôt les gens de la campagne qui seraient cruels : « Un des grands jeux était de faire des bagarres de hannetons. On allait attraper des sauterelles pour les faire sauter. Pour qu'elles ne s'envolent pas, on leur arrachait les ailes. Il y a une cruauté du rapport à l'animal à la campagne. » Ne serait-ce pas faute d'objet si le citadin est moins cruel ? Mais beaucoup pensent aussi que le citadin est violent à l'égard des animaux : il les contraint à se transformer en des êtres de culture.

Plus globalement, citadins et ruraux d'origine distinguent les rapports au milieu de vie. Il y aurait des modes de relations à l'espace, de « spatialité ». Les agriculteurs ont un rapport pratique au milieu, à l'extérieur, au point qu'on peut réaliser une géographie des pratiques sur la surface de l'exploitation. Les citadins sont seulement des usagers, dans l'espace public de la ville. Leurs pratiques n'incluent pas la transformation du milieu. De plus, ruraux d'origine et citadins décrivent différemment l'espace urbain et l'espace rural. On ne voit pas l'horizon en ville, ou rarement. Il faut aller au sommet des collines pour se rendre compte qu'il existe un univers extérieur à la ville. Pour le passant, la ville est un milieu ; ses limites sont difficiles à se représenter. La ville est mégalopole : ce qui engloutit. De plus, on n'éprouve pas les mêmes sensations à la campagne qu'en ville. Le contact de la boue, par exemple, n'est pas perçu avec la même idée. Les valeurs du propre et du sale qui régissent les usages y contribuent. Aussi, à la campagne, l'animal est associé à l'idée du propre et du naturel.

On considère donc plusieurs natures : nature des sciences de la vie. Les scientifiques fabriquent des objets de connaissance à partir desquels ils construisent un raisonnement technique. Nature vécue des citadins. Aujourd'hui, difficile à comprendre puisque les citadins eux-mêmes estiment qu'ils ne pratiquent plus ou peu la « nature », sinon à titre de loisir. Et ils créent à partir de cette nature mise à distance, une nature rêvée, « enchantée », tandis que celle, vécue, banale, la « nature dans la ville », deviendrait repoussante, du côté du sale. Enfin, il y a la nature des urbanistes, des professionnels du cadre de vie : essentiellement végétale, elle serait une métonymie de la nature rêvée. Les citadins la considèrent artificielle dans la mesure où elle résulte d'une fabrication ; elle n'est donc pas associée à l'idée du sauvage, même si, spontanément, on l'évoque comme nature en ville, à la différence de la blatte.

Les gens qui ont grandi et habité à la campagne se réfèrent à une nature, objet et lieu de travail. L'animal serait celui qu'on exploite (la pêche, la chasse, le lait, la viande, etc.) ou qui aide à l'exploitation. Alors, les animaux nuisibles en ville ne sont pas les mêmes à la campagne. La souris est une nuisance à la campagne. Elle peut être un animal de compagnie en ville. Une souris dans un appartement ne provoque pas toujours de réactions de rejet.

Des personnes originaires du monde rural ont conservé des rapports aux animaux qu'elles tiennent de leur enfance. D'autres ont changé de mode d'habiter, entièrement. Alors que le chien constituait un gardien, un chasseur, il est devenu un objet choisi pour sa beauté et choyé comme un enfant (nourriture, services vétérinaires...). Par contre, tous rejettent la blatte qui s'introduit de manière non désirée dans l'espace intime.

Pour les personnes d'origine rurale, il est difficile de parler de nature en ville alors qu'elles appellent nature le milieu de vie dans lequel elles ont grandi. La nature en ville, les jardins seraient des substituts, des ersatz. L'arbre en ville n'est pas un vrai arbre, mais un arbre dégénéré. Pour ces citadins, il s'agit de faux, de faux-semblant. La ville est synonyme d'artifice, les éléments qui la composent sont artificiels. La ville n'est qu'un « cadre de vie » (terme en usage parmi les urbanistes et les élus), un décor. Pour qualifier les espaces publics, des sociologues emploient un vocabulaire emprunté au théâtre. Les lieux urbains résultent de l'art architectural et urbain ; art traditionnellement associé aux beaux-arts. L'« art urbain » – expression du début du siècle qualifiant la pratique en urbanisme – contribue à cultiver les individus, à l'embellissement des lieux de vie. La ville n'est pas pensée comme un milieu de vie. Alors que les citadins se rendent à la campagne avec l'idée de se détendre, corps et esprit.

Ces oppositions qui jouent un rôle dans la définition de l'animal montrent que débattre de la place de l'animal dans la ville, c'est aussi affirmer une idée de la ville. Les citadins d'origine valorisent la présence de certains éléments de nature, essentiellement végétaux, dans la ville ; la nature dans la ville est un moyen d'améliorer leur qualité de vie. Les ruraux d'origine pensent que la ville est différente de la campagne : il ne peut y avoir de nature en ville ; on ne peut transporter la ville à la campagne, ni la campagne dans la ville.

Cependant, ces dernières décennies, les modes d'habiter se transforment. Pour les citadins d'origine rurale, les néo-ruraux habitent des communes-dortoirs ; ils grillagent leur parcelle, s'enferment. On ne vivrait plus au contact de la nature, même à la campagne. Ces discours sont révélateurs de la transformation du mode d'habiter rural. Pour quelques-uns, cependant, la campagne reste un espace où on peut vivre à moindre coût, parfois même un espace de résistance à la pression normative existante en ville. Alors, la ville est vue comme un espace de soumission à un ordre vécu comme contraignant.

Ainsi, on comprend que les termes de ville et de campagne associés à des territoires conservent leur pertinence pour les habitants. La différence entre ville et campagne ne renvoie pas seulement à la question des styles de vie, ni à ce qu'on considère quand on dit que le mode de vie urbain a conquis les territoires ruraux. Il s'agit avant tout d'une différence liée à un savoir sensible des endroits où l'on vit, où l'on va. Savoir de la nature intimement lié aux idées de nature, de ville, de campagne...

Chapitre 12

LE BESTIAIRE DES CITÉS

Le rapport entre mode de vie et relation à l'animal montre une culture de l'habiter propre à des lieux de la ville. Des groupes qui y habitent en font le signe d'une distinction identitaire [1]. On peut le voir dans deux quartiers de banlieue « difficiles » : un quartier de la banlieue sud parisienne et trois tours d'un quartier de la ZUP sud de Rennes. Les représentations des animaux présents sont associées, de façon dialectique, avec les lieux qualifiés, valorisés par les habitants [2].

1. Comme le note Pierre Mayol, « le système des relations humaines induit une pratique sélective de l'espace urbain ; il découpe des portions de territoire dont la sélection est signifiante, elle a valeur d'opposition tant du point de vue culturel que politique (au sens très diffus de ce mot). L'appartenance à un quartier, lorsqu'elle est corroborée par l'appartenance à un milieu social spécifique, devient une marque qui renforce le processus d'identification d'un groupe déterminé. Au niveau de la représentation "être de la Croix-Rousse", cela exclut d'être simultanément des Brotteaux ou de la Presqu'île, de la manière qu'être ouvrier, fils d'ouvrier, etc., cela exclut d'appartenir à d'autres classes sociales peuplant les beaux quartiers. Mais par contre, cette formule intègre celui qui la prononce dans un processus de reconnaissance qui montre que le système territorial est corrélatif du système relationnel » (*in* Michel de Certeau, Luce Girard, Pierre Mayol, *op. cit.*, p. 69).
2. Observer les dynamiques locales nécessite de comprendre ce qui

Le quartier des Tarterets construit entre 1964 et 1972 regroupe un ensemble de tours et de petits collectifs perchés sur le coteau dominant le centre de la ville de Corbeil-Essonnes et la gare RER. Ce quartier rassemble environ 12 000 personnes pour 2 200 logements, dont l'essentiel appartient à deux gros organismes HLM de l'Île-de-France. Ceux-ci confrontés à de grosses difficultés ont mis en place un projet de remise en état des logements et d'aide aux impayés, poursuivant les travaux de réhabilitation engagés dans les années 1980. Ce quartier est classé comme « sensible » dans le cadre de la politique de la ville.

Depuis quelques années, on constate qu'un nombre croissant de pit-bulls [3] (environ 300 en 1999) vivent dans le quartier. Les propriétaires sont essentiellement des jeunes hommes entre 16 et 24 ans : « C'est surtout les grands frères qui font ce qu'ils veulent, les filles ne peuvent pas... »

Ce chien a fait l'objet d'un trafic important. On achète des femelles uniquement pour la reproduction et l'argent : « Elles vont jusqu'à quatorze chiots. Ça fait quatorze fois 8 000 francs ; elles font des chiots tous les six mois : tu te fais 200 000 francs, facilement. » Même si le chien a perdu de sa valeur depuis le vote de la loi (loi « relative aux ani-

---

fait qu'on peut définir une localité. Pour cette raison, on ne s'intéresse pas à des objets définis de manière transcendante, mais aux processus relationnels qui contribuent au milieu. On a vu à partir de plusieurs animaux, et de l'animal comme catégorie, les relations tant concrètes qu'imaginées qui servent à lui donner sens. Ces relations sont spécifiques à un groupe donné, dans la mesure où elles font intervenir une situation localisée.

3. Les pit-bulls (Digard, 1999), de l'anglais *pit*, arène, et *bull*, chien à taureau, ou chien en forme de taureau (râblé), ne constituent pas une race (la Société centrale canine ne reconnaît pas le pit-bull), mais un type de chien formé par croisement, dans des proportions variables, de deux groupes de races : 1) les terriers, chiens anglais de petite vénerie, attaquant renards et blaireaux au terrier, de petite taille mais trapus et à mâchoires fortes, très mordants, durs à la douleur, ne reculant jamais : bull-terrier, stafforshire-bull-terrier et american stafforshire-bull-terrier ; 2) des molossoïdes, chiens puissants et de grande taille : dogue d'Argentine principalement.

maux dangereux et errants et à la protection des animaux domestiques » du 6 janvier 1999), il y a encore un marché. Aujourd'hui, le pit-bull fait partie du mode d'habiter, la cité des Tarterets.

Certes, quand il est dressé, ce chien n'est pas si dangereux (et le « phénomène pit-bull » n'est pas différent du « phénomène berger » dans les années 1950-1960) que certains sont prêts à le dire. Toutefois, affirmer que la vindicte dont il est l'objet fait partie de la « diabolisation » des quartiers de banlieue réputés difficiles, c'est opérer une réduction du débat.

C'est d'abord un phénomène de mode, comme dans d'autres cités : « Il y en avait déjà dans le quartier. » Après on dit : « Oh ! Il a un "pit", c'est beau, c'est fort, il fait ci, il fait ça. Après j'en ai voulu, j'en ai eu. » Un phénomène qui fait partie des stratégies de distinction des petits groupes de jeunes dans la cité. Les uns sont les rivaux des autres : « Il y a différents groupes, tout le monde se connaît de vue, mais je n'irai pas avec ceux qui sont à fond dans le chien. Il y en a qui n'ont que ça dans la tête. Mon chien, c'est le plus fort, c'est le meilleur ! »

C'est aussi un animal idéal, pour des jeunes voulant montrer leur force, leur puissance. Car le pit-bull est avant tout un prolongement du maître, le vecteur de son pouvoir : « Je ne me vois pas avec un petit yorkshire. J'aime bien un chien imposant et sportif », dit cet homme noir âgé d'environ 25 ans, de carrure imposante. De plus, il est interdit et sa possession constitue une transgression valorisée : « Ce sont des chiens interdits et tout le monde veut des trucs interdits. Ce sont des chiens méchants : on savait ce qu'on avait ! »

Les combats, les « tests » qu'organisent certains propriétaires, sont destinés à exprimer la force de leurs propriétaires. Ceux-ci les dressent, les rendent agressifs. La réputation du chien donne de la valeur à la saillie. Si la femelle est reconnue comme agressive, et que le mâle aussi, les chiots sont facilement vendus et même commandés.

La prolifération des pit-bulls, du rot-weiler, nouveau phénomène de mode, a conduit les autres habitants de la cité à acheter des chiens. Ainsi, ils peuvent faire face à la peur qu'ils éprouvent, confrontés aux propriétaires des pit-bulls. Si bien qu'on estime que sur 1 750 appartements, en 1999, une bonne moitié a des chiens, y compris des bergers allemands. Des chiens ont des comportements agressifs les uns vis-à-vis des autres. Cela oblige leurs propriétaires à maintenir leurs distances : « Les voisins ont peur depuis le début. Ils ne prennent plus l'ascenseur en même temps et puis voilà. S'ils ont des chiens, ils ont peur. Il y a eu plein d'accidents... » Au point que les espaces verts sont devenus des zones dangereuses, où se promènent de nombreux chiens, parfois sans laisse.

Ce phénomène d'ordre social, procédant d'un mode d'habiter, d'un rapport de distinction des jeunes entre eux, est devenu, un phénomène concernant l'ensemble de la population[4]. Il contribue aux représentations négatives des cités : « Il y en a marre de vivre ici : qui dit cité, dit émeutes, dit police, dit tout ça... Avec les pit-bulls, on ne pourra rien changer à cette image des cités. Il y en a qui les frappent, qui les prennent pour bouffer des gens, qui font des combats avec... » Le chien doit avoir l'air et être dangereux. La possession de l'animal redouble, à ses propres yeux et pour les autres, l'idée que son propriétaire est dangereux. Aux yeux des gens extérieurs à la cité, le nombre croissant de pit-bulls rajoute au danger que représentait déjà ladite cité. Au point que le quartier est qualifié de « zoo » par certains jeunes habitant la cité, et qu'une chanson de rap américaine l'appelle le « Tartezoo » ! Même les jeunes présentent l'animal comme dangereux. Pourtant, la réalité de ce danger n'est pas toujours évidente. Des accidents ont lieu avec différentes races de chiens, y compris de petits chiens.

---

4. Voir Roland Barthes, *Système de la mode*, Paris, Seuil, 1967 et Jean Baudrillard, *Système des objets*, Paris, Gallimard, Tel, 1968.

Le rapport au pit-bull est essentiellement collectif, social. Le pit-bull contribue positivement à l'élaboration de l'image de son propriétaire puisque sa possession est valorisée collectivement. Elle vise à mettre en scène le danger que représente la cité, sa « sauvagerie » pour ses habitants et ceux qui y sont extérieurs.

La blatte, elle, ne valorise pas l'individu. Elle demeure à l'intérieur de l'appartement, devient l'un des éléments de l'intimité ; elle engage avant tout l'individu face à son milieu de vie. Sauf que le dégoût qu'elle inspire est un fait de société. La blatte, comme construction négative, comme signe de la saleté, est un fait social.

Un travail interdisciplinaire concernant les blattes, insecte d'origine tropicale introduit involontairement dans l'habitat humain, a été réalisé dans trois tours du quartier du Blosne. Celui-ci se situe dans la ZUP sud, la zone à urbaniser en priorité au sud-est du centre historique de la ville de Rennes. C'est un vaste ensemble urbain de grands collectifs, construit entre 1965 et 1975 : des logements locatifs sociaux et des copropriétés.

Les tours de quinze étages sont de même type architectural. Elles se distribuent autour d'une voie qui coupe le quartier en deux et sont encadrées par d'autres voies importantes. Elles sont entourées de vastes espaces minéraux destinés aux parkings ou ouverts à la circulation automobile, des espaces verts en nombre important, qui subissent une forte pression. Les dégradations qu'ils subissent, du fait des propriétaires de chiens, sont l'objet de conflits.

Les tours appartiennent et sont gérées par l'office public HLM de la ville de Rennes. Elles font partie d'un patrimoine important : le parc locatif social de Rennes se situe nettement au-dessus des moyennes nationales (16 %) et de la région (10,2 %). Il est essentiellement constitué de collectifs : 97 % (contre 90 % pour la France entière) parmi lesquels un grand nombre de tours de dix à vingt étages.

La population des trois tours étudiées et du quartier du Blosne[5] a des caractéristiques plus marquées sur certains points que celle de l'ensemble du parc HLM et des autres quartiers de la ville de Rennes : l'importance des familles nombreuses, la jeunesse de la population, le nombre d'étrangers, enfin l'inactivité des ménages et la modestie de leurs revenus. Le cumul des difficultés des habitants les conduit à demeurer dans des immeubles à bas loyers (captivité résidentielle), aux formes urbaines rejetées. Le regroupement de nombreuses familles cumulant des difficultés contribue à la dégradation des parties communes des immeubles, joue sur la gestion locative (mobilité réduite, impayés...) et sur l'ensemble de la vie sociale de ce quartier (échec scolaire, chômage...). C'est un ensemble urbain ayant des difficultés sociales particulières et une « image » en général négative.

On l'a vu, les représentations de la blatte en font à peine un animal. Elle est un parasite, une bestiole rejetée par tous. Or, après deux années consécutives de désinsectisation menée de façon régulière dans ces trois tours, on constate un taux de réussite de la désinsectisation très divers entre les immeubles et les appartements.

C'est alors qu'une enquête est entreprise, avec l'hypothèse que les rapports homme/blatte jouent un rôle dans l'échec de la désinsectisation[6]. À la différence du rapport à l'animal désiré, le rapport à la blatte ne peut être compris

---

5. Une partie du quartier du Blosne, dont les trois tours étudiées, est inscrite depuis 1989 en « DSQ » – développement social de quartiers – puis en contrat de ville dans le cadre de la Politique de la ville.

6. En 1992, des éco-éthologues, spécialistes de la blatte, cherchent à utiliser les connaissances fondamentales acquises en laboratoire sur la dynamique de population des blattes pour améliorer l'efficacité de la politique de désinsectisation de la ville de Rennes. Ils mettent en place un dispositif d'expérimentation assorti d'un protocole et du suivi des fluctuations de la population de blattes dans des immeubles collectifs de Rennes. Pendant deux ans, ils entreprennent, régulièrement, de désinsectiser les appartements des gens se montrant volontaires. Très vite, ils se rendent compte que le rapport de l'homme à la blatte intervient dans la dynamique de population des blattes.

en étudiant l'origine des personnes. En ville, les ruraux et les citadins d'origine, les hommes et les femmes, tous expliquent avoir horreur des blattes. Seuls les termes employés pour décrire cette répulsion varient. En ce qui concerne les pratiques, dont l'analyse a été réalisée pour partie à travers ce que les enquêtés en disent, elles sont, elles aussi, relativement uniformes. La majorité des personnes disent utiliser un insecticide au moins une fois par mois ou/et tuer les blattes avec le pied ou d'autres objets-outils. Le niveau de ressources n'est pas plus un élément pertinent pour comprendre les pratiques et représentations qui ne favorisent pas l'élimination de la blatte. Deux personnes aux ressources équivalentes vivent des situations qui ne peuvent être comparées : l'une a réussi à s'en débarrasser complètement, alors que les blattes pullulaient quand elle a emménagé ; la seconde a toujours beaucoup de blattes.

La présence des blattes n'est pas liée à la durée d'occupation de l'appartement : celles-ci, comme l'ont montré les écologues, sont bien établies dans les tours. Cependant, le nombre de blattes et leur présence persistante sont associés au nombre élevé d'habitants au m². L'augmentation de l'encombrement provoque une augmentation du nombre d'abris et une diminution de l'efficacité des traitements : il devient impossible de désinsectiser systématiquement.

Par contre, on constate le caractère collectif de la présence maintenue des blattes. En effet, après deux ans de campagne de désinsectisation, une des tours que, par commodité, on appellera A, présente un taux d'infestation de blattes supérieur aux deux autres. Les locataires de cet immeuble ont, malgré cette infestation, manifesté une volonté de participer à la campagne de désinsectisation bien moindre que dans les autres immeubles (le nombre d'appartements jamais traités est plus élevé). Parmi les appartements dans lesquels l'équipe de désinsectisation a travaillé, le taux d'absence aux rendez-vous a été élevé, le taux de demandes de traitement est demeuré supérieur, au bout d'un an de campagne.

Cela n'est pas dû à l'efficacité de l'insecticide utilisé : deux produits différents ont été testés dans cet immeuble, dont un avec lequel de meilleurs résultats ont été obtenus dans un autre bâtiment. La comparaison des résultats obtenus dans les deux immeubles permet donc de voir que le choix de l'insecticide utilisé dans un immeuble donné n'est pas un facteur déterminant dans le succès d'une campagne de désinsectisation. En fait, quel que soit l'insecticide utilisé, on observe davantage d'appartements où il reste des blattes dans la tour A que dans les deux autres tours.

Les représentations des habitants de la tour A présentent un décalage flagrant avec ces faits. En effet, la majorité des personnes disent ne pas avoir eu de blattes dans les appartements qu'ils habitaient dans le passé et aussi ne pas en avoir aujourd'hui. C'est dans cette tour également que les représentations de l'espace habité et de l'habiter sont les plus négatives. La particularité de la tour A inexpliquée du point de vue des résultats (soit le nombre de blattes après deux ans) ne relève donc pas du type d'insecticide, ni, comme l'expliquent les écologues, d'un nombre important d'habitants au m² par logement. Ce bâtiment qui regroupe le plus grand nombre de personnes en difficulté parmi les trois tours[7], et qui concentre le plus grand nombre de blattes après une longue campagne de désinsectisation, est également celui où l'on note des représentations et pratiques envers le quartier, l'immeuble ou les blattes différentes de celles des autres tours. Il semble que ce soit chez

---

7. L'étude conduite en 1990 de l'occupation sociale du parc HLM géré par l'office du Blosne auquel appartiennent les trois immeubles étudiés montre que la tour A a une population importante de jeunes (31 % de la population), de nombreux ménages inactifs (48 % des habitants) et un nombre important de personnes avec de faibles ressources (50 % des ménages sur la base des revenus imposables de 1988 ont des revenus inférieurs à 20 000 francs).

les habitants les plus démunis, qui sont les plus « assignés à résidence », que l'on rencontre les représentations les plus extrêmes dans leur négativité ou dans leurs fantasmes. Si la majorité des personnes dans les trois tours apprécient leurs logements (55 %), il n'en va pas de même pour ce qui est de l'immeuble et du quartier.

En effet, en ce qui concerne le rapport à l'immeuble, c'est essentiellement dans la tour A que les enquêtés disent ne pas vouloir entretenir de rapports de voisinage car il y a trop d'étrangers, trop de dégradations, de casseurs, de saleté, de problèmes « d'éducation des jeunes ». La « mentalité » des gens est mise en cause. Peu de personnes disent trouver l'immeuble satisfaisant. En général, les occupants se plaignent de la saleté de l'immeuble, du manque de respect des autres, des voisins, vis-à-vis des parties communes. Les premiers locataires des années 1970 disent qu'il y a dégradation de l'entretien de l'immeuble comme des relations de voisinage depuis deux à trois ans. Les autres occupants de l'immeuble, personnes anonymes, sont les responsables de la dégradation. En ce qui concerne le quartier, les descriptions sont diverses.

Parmi les personnes interrogées, 11 % (tour A), 30 % (tour B), 17 % (tour C) disent aimer ce quartier : elles y ont des relations, y ont vécu longtemps ; les commerces sont proches ; le quartier est aéré, vert et calme. La majorité des personnes, sauf dans la tour A, déclarent qu'elles sont contentes ou que ça va, bien qu'il y ait des étrangers, que le quartier soit sale et dégradé, que les enfants n'aient pas grand-chose pour jouer, qu'il y ait trop de bruit, que les gens jettent leurs ordures par la fenêtre. Alors, disent certains, il suffit de rester chez soi ou encore d'éviter le quartier. D'autres, et ce sont essentiellement les habitants de la tour A, en ont « marre », pensent que l'environnement est dégradé, qu'il y a des problèmes d'hygiène, de « casse ». Les enfants sont trop livrés à eux-mêmes. Il y a des histoires avec la police. Un habitant pense que ce quartier rassemble toutes les personnes en difficulté : « femmes divorcées, étrangers, chômeurs », toutes celles dont la société ne veut pas. Pour quelques-uns même, la ZUP, ce n'est pas la ville.

La tour A regroupe donc les personnes qui ont les représentations de leur environnement les plus négatives. Les blattes font alors partie de l'environnement ainsi décrit. Leur présence dans ce quartier dévalorisé redouble l'idée du lieu alors qu'elles peuvent paraître inoffensives dans un quartier bourgeois, et faciles à contrôler.

En définitive, le regroupement de personnes dans un lieu, un quartier, un immeuble, peut être à l'origine de représentations et pratiques particulières : on le voit, pour la tour A ou même le quartier des Tarterets. Le caractère du lieu, tant matériel que social, joue dans cette dynamique. Les habitants l'intériorisent et le reproduisent. Cependant, dans le quartier des Tarterets comme dans celui du Blosne, chaque habitant se présente comme une conjonction singulière de représentations et de pratiques.

Chapitre 13

POUR OU CONTRE,
UNE QUESTION D'ESPÈCE

On remarque que les pratiques vis-à-vis de l'animal désiré, le chien par exemple, ou même non désiré comme la blatte, sont associées aux représentations et pratiques vis-à-vis du milieu de vie. On ne vit pas l'animal de la même façon, si on est originaire de la ville ou de la campagne, si on habite le centre-ville ou un quartier dit difficile de banlieue, si on est propriétaire d'une maison ou locataire d'un appartement d'une cité HLM. Raconter l'animal dans son quartier, sa ville, c'est aussi parler de la manière dont on vit son milieu.

Et même si la majorité des personnes affirment avoir horreur de la blatte (ce sont des discours « normalisés »), s'il y a une représentation sociale dominante, les pratiques de contrôle sont diverses et liées aux modes d'habiter. Ce décalage[1], produit d'une culture de l'habiter, est notable

____

1. Comprendre la relation à l'animal, c'est envisager les discours, mais aussi les pratiques afin d'apprécier le caractère opératoire des discours, leurs modalités d'accomplissement. Or on constate des décalages entre les représentations, les pratiques et le « monde matériel », ici, l'animal envisagé comme un objet d'étude des sciences de la vie et de l'éthologie. Ces hiatus sont riches d'enseignements. Ils attirent l'atten-

chez les personnes qui ont des populations importantes de blattes. De façon générale, il concerne l'animal non désiré : on peut dire qu'on n'aime pas les chiens ou qu'on les aime sans rencontrer d'opposition parmi ses interlocuteurs[2] ; il est plus difficile de dire aimer les blattes, même si on y est indifférent et qu'on les tolère chez soi.

Si les discours appartiennent au registre de la norme, de la convention, les pratiques lui font défaut ou lui correspondent. Il y a un décalage entre le discours collectif, auquel il faut contribuer, et l'expression de soi ou son affirmation. On peut penser à une autre explication : pour l'enquêteur, telles pratiques correspondent à telles paroles. Pour l'enquêté, il n'en va pas ainsi.

Au sujet de l'animal non désiré, la blatte, on dressera le portrait de deux personnes. Cela montre à quel point il est difficile de constituer des types, mais aussi l'intérêt qu'offre la présentation de personnes différentes selon certains critères : leur mode d'habiter et le nombre de blattes présentes chez elles après une campagne de désinsectisation très longue et suivie. Au sujet de l'animal désiré par certains, le chat errant, mais rejeté par d'autres, on dressera le portrait de deux personnes qui les nourrissent. Leurs pratiques de protection s'inscrivent dans un rapport au milieu.

Un premier appartement a eu une population de blattes bien installée et n'en a plus aujourd'hui. La désinsectisation est donc réussie. Une jeune femme nous accueille.

----

tion non seulement sur les modes d'approches des faits qui s'inscrivent dans des traditions disciplinaires, mais aussi sur les modes complexes d'appropriation du monde, entre idéel et matériel. En effet, on ne prétend pas confronter la réalité des faits qu'objectiveraient les sciences de la vie à la subjectivité des représentations, mais une approche de la matérialité, du vivant animé, à une approche du discours, au sujet de l'animal. Aborder les cultures de l'habiter nécessite, aujourd'hui, de prendre en compte cette complexité, en tant que globalité.

2. Cependant, on ne peut pas dire qu'on aime leur faire du mal, même si beaucoup de gens sont cruels, constatent les protecteurs des animaux.

L'appartement situé au huitième étage de la tour A est propre, net et clair. C'est un F5 où habitent six personnes dont quatre enfants. La famille est installée dans cet appartement depuis novembre 1991, mais résidait auparavant à la campagne d'abord en Bretagne, puis en Dordogne. Cette trajectoire résidentielle explique partiellement sa répugnance et son refus à l'égard de ce mode d'habiter : « J'ai vécu à la campagne à partir du moment où je me suis mariée. Avant, j'habitais Rennes avec mes parents. Avec mon mari, on avait comme seule ambition de partir à la campagne... On est resté quatre ans et puis on est revenu pour ce "foutu" travail. Il n'y en avait plus là-bas. Il fallait en retrouver. »

Cette femme, ancienne secrétaire de direction dans une association en Dordogne, démissionne pour suivre son mari en Bretagne. Elle ne travaille pas et son mari, chauffeur routier, n'est pas souvent présent au domicile. L'actuel appartement est, d'après elle, satisfaisant. Elle voulait avant tout habiter la campagne, mais ils n'ont pas eu le choix : « On cherchait une maison à la campagne. Entre août 1986, date de notre départ, et novembre 1991, moment de notre retour, la maison qu'on louait, à 1 600 francs à l'époque, est passée à 4 300 francs. Le problème n'est pas seulement là. En Dordogne, nous avions cinq chambres. Le loyer ne dépassait pas les 2 000 francs et encore, c'était un palais, on arrive là, on nous parle de 5 000 à 6 000 francs. Quand on fait le choix d'avoir quatre enfants et qu'il faut un minimum de chambres avec des petits salaires... »

Cet appartement représente donc le dernier choix, et tout ce qu'elle ne désirait pas. Elle n'envisage pas, d'ailleurs, de passer plus de cinq ans dans ce quartier : « Mon mari a trouvé tout de suite du travail, puis a cherché un logement pendant trois mois, galère, galère... Je ne voulais surtout pas vivre en ville, surtout pas dans une tour. À la rigueur dans une ville, mais surtout pas dans une tour.

C'est pareil, exactement pareil que les blattes et les poux pour moi : ça inspirait tout ce qui était zonard, tout ce qu'on peut imaginer dans les tours. Je ne voulais surtout pas vivre là. On s'est rabattu là-dessus : dans les loyers possibles, c'était tout ce qu'il restait. Les HLM nous ont expliqué qu'il fallait vivre ici au moins trois ou quatre ans pour avoir quelque chose de plus convenable après. Pour l'instant, on n'a pas le choix. »

Pour cette personne, les tours et les blattes s'assimilent. Quand elle s'est installée, elle ne connaissait pas les blattes, mais les a reconnues grâce aux représentations qu'elle avait du lieu : « On n'a jamais été confronté à ça. On n'a même pas cherché à identifier. On se doutait que, dans les immeubles comme ça, il pouvait y en avoir. Alors on a conclu que c'était ça, mais on ne connaissait pas particulièrement. En fait, les "désinsectiseurs" m'ont confirmé que c'était des cafards ou blattes. » La blatte, dans ce cas, est bien un indicateur environnemental de la qualité de vie. Elle renvoie à des représentations sociales et individuelles négatives.

Quand elle emménage dans l'appartement, les blattes pullulent (importance de l'histoire résidentielle de l'appartement) mais progressivement, elle arrive à s'en débarrasser : « Concrètement, en arrivant, ça pullulait. On ne pouvait même pas les dénombrer. Maintenant on en voit un ou deux par semaine. Il y en avait de toutes les tailles, de toutes les formes. »

Le fait de s'en débarrasser est lié, pour elle, à la mise en œuvre de pratiques de contrôle. Elle utilise des insecticides et adopte même des pratiques qu'on pourrait qualifier de « chasse ». Elle pense, qu'ouvrir sa porte aux « désinsectiseurs », a été le seul moyen de s'en débarrasser : « La preuve est là : depuis un an et demi qu'on est là et qu'on traite, d'une population assez importante au début, on arrive à quelques spécimens par semaine. C'est révélateur, il suffit de traiter et de s'acharner. » Mais la seule pratique qu'elle pense efficace est une pratique collective : « C'est bien beau de traiter chez les personnes qui l'admettent. Mais il y a encore des gens qui pensent que c'est un sujet tabou parce qu'ils l'associent à un signe de saleté. Si tous les gens se mettaient d'accord pour qu'on traite dans tous les appartements, même les gens qui sont pleins de bonne volonté en disant on n'en a pas, mais qui ne savent pas s'ils en ont ou s'ils n'en ont pas, parce qu'ils ne les voient pas, je crois que si tous les appartements étaient traités, un grand pas en avant serait fait. » En effet, elle imagine que les personnes qui ont des blattes les transportent chez leur voisin, ami, et les diffusent : « Si les gens vous claquent la porte au nez alors que ça grouille chez eux, on n'y arrivera pas. J'ai lu qu'elles ne se déplaçaient pas, qu'elles ne faisaient pas des kilomètres. Mais il y a toujours moyen de les trimbaler : on sort un sac-poubelle, on le pose. »

Elle rationalise ses représentations de la blatte. En effet, elle sait maintenant qu'elle n'est pas liée à la saleté. Pourtant, elle pense que la saleté est un facteur déterminant pour expliquer leur présence. Cette bête la dégoûte, lui fait comparer son mode d'habiter actuel à celui qu'elle avait à la campagne, et c'est probablement une des raisons qui la pousse vers des pratiques aussi affirmées : « Ce n'est pas de la peur. Je n'ai jamais vécu dans un milieu comme ici. Nous vivions à la campagne, dans un milieu privilégié. Nous sommes arrivés ici. C'était donc plutôt de la répugnance. Je ne suis pas une grande maniaque du ménage, mais je tiens à ce que ça soit toujours propre. C'est vrai, au départ, j'associais ça à la saleté. »

Pour elle, la blatte fait partie des problèmes de son actuel mode d'habiter. Elle a fait le choix de les gérer de manière volontaire et résolue. Elle lutte aussi bien contre les représentations négatives que ses connaissances ont de la cité où elle habite et des blattes qui y sont liées que contre la blatte, elle-même : « Les gens n'étaient pas habitués à nous voir évoluer dans un cadre comme ici. C'est là qu'on fait le tri de ses amis. C'est pareil pour l'immeuble, les gens disent : "Tu as vu où tu habites, tu as vu comment ça sent, tu as vu comment les gens sont, tu as vu leur couleur ?" J'ai prévenu les gens qui venaient. Il y a des cafards : si cela vous gêne, vous partez, si cela ne vous gêne pas, vous restez. À la rigueur, c'est nous que ça gêne. Eux, cela n'avait pas à les gêner… Les gens qui ont été élevés par ici, cela ne les gêne pas. Mais tout gêne ici, alors qu'il n'y a pas de quoi. On va faire la phrase habituelle, c'est la conjoncture actuelle qui veut ça. Si on fait le choix d'avoir beaucoup d'enfants, on se retrouve là. Avec des petits salaires, c'est évident. C'est vrai qu'il y a des choses auxquelles on se fait et d'autres, auxquelles on ne se fait pas du tout. Les blattes font partie des choses auxquelles je ne me suis absolument pas faite, pour d'autres choses, j'ai été plus tolérante… » Ses pratiques envers la blatte procèdent d'une lutte plus générale pour s'ajuster à un lieu qui représente « la zone » et à des pratiques qu'ont certains habitants dans ce lieu (intolérance mutuelle, irresponsabilité…). Elle cherche à améliorer ses conditions de vie.

Après le portrait d'une personne qui a réussi à venir à bout de blattes bien installées dans son appartement, bien qu'habitant la tour où le taux d'échec est au maximum, voici celui d'une famille qui, elle, a échoué. Cet appartement présente toujours une pullulation très importante de blattes. Malgré des paroles très résolues contre la blatte, les pratiques sont décalées. Des blattes passent devant l'enquêteur et personne ne bouge. Ce qui montre l'intérêt de s'attacher aux représentations et d'observer les pratiques pour comprendre les problèmes d'environnement : même si les mentalités changent, les pratiques ne correspondent pas toujours.

Une femme d'environ 45 ans nous fait asseoir autour de la table de la salle à manger. Certains de ses enfants – elle en a neuf dont six vivent avec elle – sont présents et interviennent tout au long de l'entretien.

Elle n'a pas de travail. Née dans une petite ville à 50 kilomètres de Rennes, elle a habité à la campagne avec son père et a ensuite vécu dans un pavillon. Enfin, avec ses enfants, elle a logé sous une tente en attendant l'appartement. Elle dispose d'une petite pension pour les enfants – elle est divorcée – et des allocations familiales. Le père ne prend jamais les enfants.

Elle habite depuis cinq ans cet appartement trop petit, un F5. Elle n'en est pas contente comme de l'ensemble de son mode d'habiter, mais semble, en dépit de ses propos, ne rien faire pour remédier à son insatisfaction : « Rien n'a été refait. Il y a trop de bruit. C'est trop petit. On n'a pas envie de refaire car il y a trop de cafards sous la tapisserie. » Elle n'est pas heureuse dans l'immeuble. Les autres locataires la rejettent et elle le sait. Aussi, elle n'aime pas le quartier où habitent trop d'étrangers. De façon générale, elle accuse les autres habitants de la déréliction de son habiter : « On nous a placés là parce qu'il n'y avait pas d'autre solution… Il y a beaucoup d'étrangers. Les enfants ne peuvent même pas aller jouer dehors, ni rien. On crie dessus, on tape dessus, on est ci, on est ça, vous savez comment c'est la mentalité des gens… Il y a le bruit, les gens qui lancent n'importe quoi par les fenêtres, des boîtes de conserve, des cigarettes. Il y a plein de dégâts, les carreaux cassés, le feu au vide-ordures, les clochards qui viennent dormir dans les escaliers de secours. Des fois, on a peur… Je connais une personne dans cette tour et c'est tout. Il faut se méfier des gens. On a rendu service. On nous a bien salis partout, par-derrière. Maintenant, c'est fini. Au début, on arrive, c'est vrai, on fait une petite relation pour connaître un peu les gens. Tout le monde m'estimait parce que je rendais beaucoup de services, et puis après… Le gardien m'a dit : "Si tu pouvais mettre les sacs-poubelles dans le container." Alors je l'ai fait. Après, on m'appelait Marie-poubelle. Je l'ai dit aux HLM, que j'étais bien bonne de mettre les sacs dans le container, surtout quand il y a des mouches, l'été. Une personne âgée m'a dit : "Vous avez ramassé le sac ?" J'ai dit : "Oui. Si on laisse ça, tout va traîner." Alors, la petite grand-mère m'a dit : "C'est bien, Jacqueline." Elle m'a donné un paquet de gâteaux. J'ai dit : "Je ne veux rien, si je l'ai fait, c'est pour le bien de tout le monde, pour faire comprendre aux gens de ne pas mettre ça à côté des poubelles." On aurait bien voulu un esprit collectif pour que des choses se réalisent : un parterre de fleurs, une salle pour les Français et une salle pour les étrangers. »

Par contre, elle n'a pas à se plaindre des gens du palier : « Les Marocains sont très gentils, sauf les enfants qui sont un peu durs. Sur le palier, il y a une entente merveilleuse. » Mais ses enfants ne fréquentent plus les enfants des autres, cela pose trop de problèmes.

Elle recense le nombre de blattes. Elle-même et ses enfants disent tous ensemble que cet animal les dégoûte : « Il n'y avait pas de cafards quand je suis arrivée, il y a deux ans à peu près. Au début, on en voyait quelques-uns comme ça et puis ça a continué. Plus ça va, pire c'est. » Cependant, des blattes se promènent au plafond et sur les murs. Personne n'intervient. Même si les enfants déclarent qu'il y en a de plus en plus dans la chambre. L'un d'eux dit : « Quand j'ouvre mon cartable à l'école, j'en vois un qui s'échappe et se balade dans la classe. » La mère renchérit : « Ça saute de partout, partout, même dans les chaînes hi-fi. »

La mère affirme tuer avec une bombe les blattes qui sont « sales » et « pas hygiéniques ». « Le soir, je mets de la bombe. Le matin, je trouve des cadavres. Ça revient cher, une fois tous les quinze jours, trois semaines. C'est dans la cuisine. J'ai trouvé un nid derrière un meuble et je l'ai tué. Maintenant, je n'en vois presque plus parce que je sais où ils sont. » Une autre blatte passe pendant l'entretien. L'enquêteur demande : « Ça n'en est pas un, là ? Il est tranquille, on dirait ? » La mère réplique : « Lui, il est tranquille, mais nous, il nous dérange ! Ça court de partout. » Personne ne va le tuer.

Les filles n'aiment pas les tuer et les garçons les éliminent avec les pieds. Mais tous disent avoir modifié leurs habitudes. Les filles expliquent : « On nettoie notre chambre. On lave tout, même dans les lits. On nettoie les armoires, même dedans. Les cafards, ça les attire la poussière. » La mère dit : « Je range un peu plus, je déblaye pas mal de trucs. » Si on observe leur comportement vis-à-vis des blattes lors de l'entretien, on se dit, qu'en fait, ils les remarquent à peine : « C'est tellement léger qu'on ne les sent même pas quand ils sont sur les pieds. » Ils ne se lèvent pas la nuit pour les chasser, même si leur activité nocturne est connue : « Personne ne se lève la nuit. Pourtant, ils sortent beaucoup la nuit. »

Cette famille utilise les mêmes termes que les autres habitants de l'immeuble pour décrire son dégoût face à la blatte, mais ses pratiques ne correspondent pas. Pourtant, leur présence redouble leur qualité de famille rejetée par les autres habitants de l'immeuble. La mère raconte : « Ce n'est pas un déshonneur parce que tout le monde peut en avoir, mais les gens pensent que c'est déshonorant. »

Et ils font des étrangers les ultimes coupables : « ça vient » des étrangers et « ça remonte par les trous, les tuyaux ». Mais, en fait, la blatte fait partie de leur mode d'habiter et il leur paraît impossible d'en venir à bout : si représentations et pratiques ne correspondent pas, c'est probablement faute de se sentir efficace : « C'est tellement petit, partout, partout, ils se logent. L'appartement serait vide, qu'il y en aurait encore ! » De ce fait, les solutions qu'ils proposent sont relativement radicales : pour les éliminer, « les "désinsectiseurs" doivent venir plus souvent. Il faudrait enlever les tapisseries et boucher les trous pour voir d'où ils viennent ». Aussi : « Il faut acheter des pièges » et si « ça ne suffit pas : il faudrait un produit qui soit efficace, qu'on ferme les portes et qu'on revienne au bout de deux heures, puis qu'on ouvre tout ».

Beaucoup d'insectes leur paraissent être des « saloperies ». Par contre, ils aiment tous les animaux et ont trois chiens et un petit chat. Le rôle des animaux dans leur maison montre leur méfiance vis-à-vis des habitants de l'immeuble, ou même des citadins : « Ça nous tient compagnie. Ils nous avertissent quand il y a quelqu'un qui vient. » Ils pensent qu'ils vivraient mieux isolés ; loin de leurs concitoyens, la vie serait plus facile : « À la campagne, on supporte plus les gens qu'en ville. » Ils y seraient mieux considérés : « Ici, on est rejeté. On est sûr : ils ont écrit des trucs sur notre porte. Ils ont brûlé notre boîte aux lettres. »

Pour chacun, les représentations s'articulent donc de manière complexe, particulière. Ainsi qu'avec les pratiques vis-à-vis de l'animal[3]. Et ce qui est dit des pratiques ne correspond pas toujours aux pratiques elles-mêmes, ce qui complique encore l'analyse.

Les descriptions de l'animal non désiré font intervenir les autres citadins : c'est aussi contre eux qu'on lutte. Ce qui n'est pas vrai pour l'animal désiré. Au contraire, on le protège des autres. Des personnes ont des pratiques qui, dans ce cas, excèdent celles, convenues dans le cadre d'une proximité domestique. Elles sont l'objet de descriptions caricaturales. Ainsi, le rapport au chat errant. Les gens qui les nourrissent s'inscrivent dans la vie de la cité comme de véritables figures urbaines. De nombreux citadins les ont remarqués et les façons de les décrire sont identiques : ce sont de vieilles personnes, des « mamies aux chats » ou mémés aux chats. Elles sont seules, par définition, n'ont personne d'autre à qui accorder leur sollicitude. Ce sont de « pauvres vieilles dames » dont personne ne s'occupe, et qui ont, elles, besoin de s'occuper.

Cette description est à nuancer. En effet, en général, ce sont des femmes, de condition modeste, et âgées. Elles sacrifient leur argent, du temps et beaucoup d'énergie à s'occuper des chats. On les voit rôder autour des espaces

---

3. Pour Claudine Friedberg, ces pratiques ne sont pas intelligibles en dehors des représentations qui leur sont étroitement liées : « Elles sont elles-mêmes le produit de ces pratiques : elles participent de la production des rapports société/environnement. Pour celui qui y vit, l'environnement n'est pas un décor immuable mais le résultat de ses pratiques, qui sont aussi le reflet du système de représentations qui est lui-même moteur de ces pratiques. » (« Représentation, classification : comment l'homme pense ses rapports au milieu naturel », *Sciences de la nature, sciences de la société – Les passeurs de frontières*, Paris, CNRS, 1992, p. 365.)

verts, des espaces abandonnés comme les terrains vagues, de la petite ceinture, avec des pots de nourriture qu'on leur a donnés, qu'elles ont achetés ou préparés. Leur activité est liée au mode d'habiter urbain, si bien qu'on les trouve principalement en ville. On peut dire que plus que de s'occuper de l'animal, elles s'occupent de la ville, investissent un milieu afin de le transformer. Ce sont des militants, des militantes. Aux pratiques est associé un discours. Il exprime de manière récurrente une sensibilité à la souffrance de l'animal.

Madame C., 67 ans, s'occupe de vingt et un chats et en possède trois. Elle explique : « J'ai toujours eu des chats. Quand j'étais plus jeune, c'était un sacrifice. Maintenant que je suis plus âgée, non. C'est un fardeau, mais tout le monde a son fardeau. Ce qui compte c'est la façon dont on le porte. »

Elle vit depuis vingt ans dans un immeuble d'habitat social situé dans le quartier de Ménilmontant. Construit dans les années 1960, il appartient à l'OPAC de Paris. Elle habite un appartement orienté est-ouest avec un balcon qui donne sur des parterres de pelouses et de fleurs où se trouvent certaines de ses cabanes à chats. Elle a choisi un premier étage pour que ses chats puissent sortir. Son mari graveur et cadre est mort, il y a quelques années. Sa fille est nourrice et s'occupe de nombreux enfants.

Elle explique son engagement vis-à-vis des animaux en le justifiant comme un héritage familial et une histoire personnelle : « Depuis mon enfance – je suis née ici et j'ai toujours vécu ici – j'ai toujours vu des animaux. Quand j'étais toute petite, ma grand-mère me conduisait pour donner à manger aux chats et aux oiseaux. Elle me mettait même un chaton dans mon berceau. »

C'est aussi lié à l'histoire du quartier : « À Ménilmontant, il y a toujours eu des chats et des oiseaux, de petits piafs, peut-être des pigeons. Ils n'étaient à personne et appartenaient à tout le monde. Ce n'était pas comme aujourd'hui : il y avait beaucoup de maisons avec de petits espaces verts. Les chats, ça rentrait et ça sortait, les gens les nourrissaient ; les chats se nourrissaient aussi des restes de poubelle et de rats. Il y en avait beaucoup dans les années 1930-1940. Les chats étaient les chasseurs de rats. »

Un quartier qui va connaître de grandes transformations dans les années 1960 : « Il y a eu des problèmes comme dans d'autres quartiers populaires quand "les maisons se sont montées". On a fait des parkings et les caves ont été supprimées ou fermées. Même chez les habitants, les portes se sont fermées. » Elle infère de ce changement urbain, un changement des comportements. Si les enfants étaient naguère proches des chats, en évacuant la rue, ils s'en sont éloignés : « En 1969, j'ai trouvé un grand changement : la mentalité des gens avait changé ; ils ne supportaient plus les animaux, y compris pour les enfants. Quand on était petits dans la rue, on était comme les petits chats de la rue. »

Elle établit sa filiation, de telle façon à ce que son ascendance explique ses pratiques. Ainsi, elle distingue dans sa famille des personnes qui seraient du côté de l'homme, de celles qui seraient du côté de l'animal : « Ma mère n'aimait pas les animaux, elle était plus pour l'être humain. Mon père devait tenir ça de sa mère. » Aussi, elle s'identifie au chat, ce qui explique qu'elle s'en occupe ; pour d'autres ce sera le fait qu'ils soient traités comme des animaux : « Je me considère comme une chatte ! J'aime tous les animaux, mais le chat correspond à mon caractère. »

Elle raconte comment elle a commencé à nourrir les animaux dans la rue dans le quartier de Ménilmontant : « Il y avait beaucoup de chats errants. Je me suis rendu compte qu'ils étaient malheureux : ils proliféraient. Je les secourais comme je pouvais : il y avait le dispensaire Assistance aux animaux qui les stérilisait. À l'époque, c'était gratuit. »

Sa passion des chats engendre des difficultés avec son voisinage : « Ici, dans mon appartement, j'ai eu jusqu'à huit chats. Cela m'a causé des problèmes avec la gardienne. Je savais très bien qu'on ne pouvait pas avoir chez soi plus de cinq animaux. C'est plus fort que moi... » D'autant plus qu'elle nourrit à l'extérieur vingt et un chats, trois cent soixante-cinq jours par an : « Il faudrait que je paye pour qu'on me remplace. Allez trouver quelqu'un pour s'occuper de vingt et un chats et des miens ! » Ce qui engendre d'autres conflits et révèle des antagonismes liés au statut social que chacun imagine avoir : « Ce sont toujours les femmes qui viennent m'embêter, jamais les hommes. Elles disent que je souille la voie publique, elles jettent la nourriture des chats. Une dame les empoisonnait. Ce sont surtout celles qui habitent en face, les copropriétaires. Ils sont copropriétaires, ils veulent être supérieurs... Je suis "une moins que rien" : j'habite un HLM. Je suis une malheureuse parce que je nourris. Les gens ont cette image de ceux qui nourrissent les chats. On est des malheureuses et pas intelligentes : il faut être bête pour faire ça. » Elle reçoit peu d'aide, sinon d'une dame du quartier qui lui donne des croquettes et 600 à 800 francs par mois : « D'autres me donnent des plats. Une dame m'achète des sacs en plastique pour que je recouvre les plats. »

Les endroits où elle nourrit les chats constituent de véritables repères dans la ville. Elle en a forcément une vision très différente des citadins habituels : « Je ne donne pas à manger dans la cité, mais dehors, dans la rue. Ceux d'ici, je les nourris matin et soir et les autres que le soir. Il y en a cinq sur la voie ferrée. Je vais le matin leur mettre de l'eau et un peu à manger. Surtout l'hiver, je leur mets un peu d'eau chaude avec de l'alcool dedans. J'en ai quatre en bas sous les fenêtres du gardien où j'ai fait des abris. J'en ai trois dans le jardin là-bas. J'en ai cinq au terrain de l'église... J'ai beaucoup d'ennuis avec les prêtres ! J'en ai trois rue de Ménilmontant. J'avais demandé qu'on les mette dans un refuge, ça fait loin pour moi, mais ils en ont trop. Des personnes disent : "Vous n'avez qu'à les prendre chez vous !" Mais les chats ne veulent pas ! Ils veulent être dehors. Alors, je leur procure des abris. Je n'emmène jamais mes chats chez le vétérinaire à part pour les faire stériliser. Je les soigne moi-même. On castre les femelles, mais pas les mâles, ça coûte très cher ! »

Militante de l'École du chat, association de protection de l'animal, elle estime que cela lui permet de négocier plus facilement l'emplacement des abris pour ses chats. Même si l'association manque de moyens. Après un changement de municipalité, elle obtient de mettre des abris dans le square à condition d'éviter la prolifération, ce qu'elle tente de faire.

Madame C. a une vie difficile, et ne dépense rien pour elle-même. Elle consacre toute sa pension à la nourriture et à la stérilisation des chats. Cet engagement est complexe. Puisque, à la différence de ce qui a pu être écrit (Digard, 1998), ces militants protecteurs du chat se battent pour que le plus grand nombre soit stérilisé afin d'éviter « à de nouveaux malheureux des souffrances inutiles ». Ils constituent un relais précieux de l'action des municipalités en matière de contrôle des populations animales.

Mais cela exige beaucoup d'efforts et « de grands sacrifices ». Madame C. pense que le prix à payer est parfois trop exorbitant comparé à la valeur que des citadins accordent aux animaux eux-mêmes : « Je vais partir et tout laisser : les gens vont dans les chatteries acheter des chats parce que c'est tout mignon. Ils les payent d'un prix exorbitant ! Une fois qu'ils sont adultes, ils les abandonnent. Ils ne sont pas stérilisés. »

Parmi les gens qui nourrissent – et elle en est – nombreux sont ceux qui, considérant leur activité comme un service public, prennent à partie les pouvoirs publics ou les services de la ville. Ainsi, souvent, les protecteurs des animaux vivent leur passion dans un rapport d'opposition aux autorités.

Un article paru en 1995 dans un journal de la ville de Paris a ainsi suscité l'animosité de Madame C. Il faisait mention des articles de la loi relatifs « au nourrissage des animaux en liberté, tels que le chat et le pigeon ». L'article 26 précise qu'il est interdit d'attirer systématiquement ou de façon habituelle les animaux, notamment les pigeons et les chats quand cette pratique est une cause d'insalubrité ou de gêne pour le voisinage. L'article 120 explique qu'il est interdit de déposer ou jeter des graines ou de la nourriture en tout lieu ou établissement public susceptible d'attirer les animaux errants, sauvages ou redevenus tels, notamment les chats ou les pigeons. La même interdiction est applicable aux voies privées, cours ou autres parties d'immeubles ou d'un établissement lorsque cette pratique est susceptible d'occasionner de la gêne pour le voisinage ou d'attirer les rongeurs.

En outre, l'article du journal mentionne qu'en ce qui concerne les pigeons, la mairie de Paris a choisi de s'orienter vers la recherche d'une solution permettant de maintenir dans la capitale un nombre raisonnable de ces oiseaux. Les nourrisseurs favorisent la concentration des pigeons. Pour y remédier, les inspecteurs du centre d'action pour la propreté de Paris surveillent régulièrement les voies publiques où les contrevenants ont l'habitude d'opérer : ils les informent des prescriptions du règlement sanitaire et le cas échéant verbalisent les récalcitrants.

De leur côté, les services de la construction et du logement qui interviennent dans les immeubles au titre de l'hygiène et de l'habitat adressent une mise en demeure aux nourrisseurs opérant depuis leur appartement et dont le comportement menace l'hygiène à l'intérieur de l'immeuble ou de ses dépendances. À ces méthodes de prévention s'ajoutent des actions curatives menées par les services techniques de la propreté de Paris qui procèdent au nettoyage de la voie publique souillée par les pigeons.

Madame C. commente sa réponse, liée à l'indignation ressentie à la lecture de l'article. Notamment, elle montre que les pigeons ne viennent pas à cause des nourrisseurs, mais que les nourrisseurs viendraient parce qu'il y a des pigeons. D'autre part, elle se sent considérée comme un malfaiteur alors qu'en tant que nourrisseur, elle contribue à ce qui est un objectif de la ville : enrayer la prolifération.

Alors, elle réplique et écrit une lettre au maire de Paris, J. Chirac, dans laquelle elle montre les contradictions d'une politique municipale qui organise une fête du monde animal et n'autorise pas qu'on s'occupe des chats :

« Cette lettre pour exprimer ma colère. Je suis née dans le XXe arrondissement et y ai toujours vécu. J'ai connu ce merveilleux arrondissement à l'époque où une végétation dense accueillait chats et oiseaux vivant en bonne harmonie avec enfants et adultes. »

Elle vit donc, avec l'idée d'un âge d'or de la cohabitation citadin/animal. Âge d'or dont la fin serait liée à l'évolution de l'urbanisme. Urbanisme qui contribue à produire le milieu de vie des animaux et des êtres humains.

« Concernant les nuisances attribuées au nourrissage des animaux, je ferais remarquer que la nourriture que je donne aux chats et aux oiseaux ne reste pas plus de soixante-quinze secondes. Je ramasse les plats comme tout le monde pourra vous le dire. Par contre, sous mes fenêtres des chiens tenus en laisse par des maîtres, ils le font exprès, urinent des heures, huile de vidange des motos, ordures ménagères, tout cela séjourne des journées entières parfois le week-end et les jours fériés. »

Ces quelques lignes montrent bien la teneur du conflit. Il est entre les différents usagers de l'espace public et porte sur les droits qui leur sont octroyés. La municipalité laisse plus de place au chien et à son maître, souvent masculin, qu'aux chats errants et leurs nourrisseurs, souvent des femmes.

Ce qui suit aborde des sujets très délicats. Ils sont d'autant plus intéressants : « Considérer les Parisiens qui aiment les animaux comme des délinquants est une erreur monumentale : ce sont de paisibles et honnêtes citoyens et non moins des contribuables et des électeurs. Alors que messieurs, les chasseurs, sont choyés par tous les partis politiques. Au sujet des récalcitrants qui, comme par le passé, continueront à nourrir chats et oiseaux, quel sort leur ferez-vous, monsieur Chirac ? Les verbaliser pour un tel délit semble nettement insuffisant ! »

Ainsi, elle compare les droits accordés aux chasseurs à ceux, reconnus aux nourrisseurs : elle le fait au nom de ce qui vit, du vivant animé. Si les chasseurs sont des tueurs, les nourrisseurs contribuent à préserver ce qui vit. Puis, elle continue, et montre que le thème de la « protection animalière », du « contrôle du vivant » rejoint celui de la « souffrance animale ». Un thème riche d'implications, aujourd'hui comme hier, et qui conduit à comparer le traitement réservé aux hommes et aux animaux, à mettre homme et animal sur un plan d'égalité.

Son rapport à l'animal en ville fait intervenir des représentations de la nature : « Nul ne peut le nier : l'animal fait partie de la nature ; notre environnement se réduirait très strictement à une nature morte sertissant le béton. » Comme pour les autres citadins, cette nature en ville doit être maîtrisée, il n'est pas question de laisser l'animal proliférer à sa guise. « La présence des animaux dans les villes est pour l'homme un facteur indispensable d'équilibre et d'harmonie. Bien sûr, cette présence doit s'inscrire dans des limites raisonnables. Toute dérive démographique doit se prévenir en amont. Non se corriger par la chambre à gaz ou la famine. »

Elle pense cela de tous les animaux. Sauf de la blatte, exclue du règne animal : « Ces choses qui sont comme cela : les cafards, les poux, les puces. Ce sont plus des parasites que des animaux. Le cafard, on n'en veut pas en ville ! » Chats et oiseaux sont les animaux qui lui évoquent le plus la nature en ville. Est de l'ordre de la nature, ce qui est à l'extérieur. Elle-même se compare à un animal des rues, lié au fait qu'elle a été élevée dans la rue. Et elle ne comprend pas qu'on interdise de nourrir les animaux dans les squares étant donné que végétation et animal font, tous deux, partie de la nature.

Enfin, comme beaucoup, elle reconnaît le statut exceptionnel de la nature et des êtres vivants. Du coup, elle admet difficilement qu'ils puissent être considérés en termes de valeur marchande : « La reproduction excessive dans les élevages a pour but l'argent. C'est un commerce honteux qui ravale des êtres vivants au rang d'objet. » Elle considère que les gens de la campagne ont un rapport d'ordre économique à la nature alors que les gens des villes l'aiment de façon désintéressée : « Les gens de la campagne aiment la nature qui leur rapporte de l'argent. J'ai été à la campagne en vacances. Je demandais à la fermière qui me logeait : pourquoi coupez-vous cette superbe plante ? Elle répondait : ça ne vaut rien ! » La distance prise par le citadin avec la nature fait qu'elle lui manque, alors que le campagnard en est trop proche : « Ma grand-mère qui était très pauvre trouvait toujours le moyen d'acheter un petit bouquet de fleurs au marché. Je ne verrais pas mon balcon sans fleurs, sans rien. Avant, il y avait beaucoup d'arbres. Les gens sont de plus en plus sensibles à la nature en ville, aux arbres, avec cette pollution. » Pour cette « mère nourricière », se préoccuper de la nature est un fait urbain. En effet, le citadin en est loin, coupé de son milieu d'origine, il est hors milieu.

Pour monsieur L. aussi, nourrir les animaux est un choix de vie ; plus globalement, l'expression d'un rapport au milieu. Rares sont les hommes qui nourrissent les animaux en ville ou même les défendent. Pour ce technicien dans un grand organisme de recherche et syndicaliste, la question est entendue : « Les hommes ont peur du ridicule tandis que les femmes se fichent qu'on se moque d'elles. Les gens pensent que ça l'est. Un groupe de jeunes filles m'a même insulté en disant : "Ça doit être un pédé, il donne à manger aux chats !" » Il distingue alors deux niveaux de protection de l'animal : celui des associations de terrain où les hommes sont minoritaires, et celui du WWF où ils sont majoritaires. Si le premier niveau concerne les « petites bêtes, inutiles », le second concerne les espèces en danger d'extinction.

Sa vocation est un héritage familial, comme pour madame C. : « J'ai un rapport au chat, un peu spécial. C'est un truc héréditaire : j'ai une grand-mère qui vient de Transylvanie. La coutume est de mettre un chaton dans un berceau d'enfant, d'élever un chat avec un être humain. » Mais son engagement sur le terrain est à articuler avec une sensibilité écologique plus globale : « La défense de la nature ne se sépare pas de celle de l'animal. »

Il décrit comment il en est venu à nourrir les chats : « Pendant longtemps, j'aimais les chats, j'avais des chats chez moi. » Aujourd'hui encore, il possède un grand nombre de chats à l'origine des problèmes avec ses voisins. Il a même renoncé à voir beaucoup de ses amis dégoûtés par la présence de trop nombreux chats. Ces chats sont des « abandonnés » qu'il va tenter de placer, mais il ne réussit pas toujours. « Un jour, j'ai commencé à nourrir. J'ai lu un article : plein de chats avaient été empoisonnés dans un parking à Ménilmontant. J'ai alors proposé à madame C. (la « mère nourricière » précédemment décrite) de créer une association pour assurer la protection des animaux. » Il s'agit bien de protéger l'animal de l'homme et de sa capacité à nuire.

Son association devient l'une des antennes de l'École du chat (association de protection du chat errant). Ainsi, monsieur L. se donne la capacité de négocier avec l'administration de la ville. À partir de là, il étend son champ d'action : « On a commencé à Ménilmontant. Puis j'ai pris contact avec la mairie du XXe. Je leur ai demandé s'ils pouvaient relayer notre action auprès de la Direction des parcs, jardins et espaces verts. On leur proposait de nous concéder un parc pour un essai de stérilisation. Ils ont accepté, à condition que la population soit stabilisée et l'entretien du terrain bon. Souvent, les protecteurs individuels ne prennent pas de précaution, ne nettoient pas... Il n'y a pas d'engagement écrit. Ils ne veulent pas faire de publicité : c'est une tolérance. Il n'y a plus d'opérations de "déchatisation". Seulement, on doit respecter les horaires, venir tôt le matin ou tard le soir. Nettoyer. Le tatouage. La stérilisation. Éventuellement, la vaccination. »

Monsieur L. a choisi un parc dans le prolongement de la petite ceinture, voie ferrée qui entoure Paris, actuellement inutilisée, devenue un refuge pour la faune : « Au début, j'étais seul. Maintenant, une ou deux personnes prennent le relais. Ça prend beaucoup de temps de s'occuper d'un square : une heure le matin vers huit heures et l'autre, le soir. Il faut bien mettre la nourriture. Si on la met trop au bord : il y a des gens qui viennent déranger les chats, leur jeter des pierres. Pas seulement les enfants. J'ai décidé de mettre la nourriture hors de portée et même de rester pour assurer la surveillance pendant qu'ils mangent. Des mômes venaient avec des pieux chasser les chats et cassaient les abris. Je les ai installés dans un autre endroit... » Il organise tout un réseau de nourrisseurs dans l'arrondissement, chacun s'occupant d'un parc : « Avec ma femme, on ne peut pas partir en vacances ensemble, on est obligé de se relayer. Il fallait s'organiser, un responsable par square, on en a cinq ou six dans l'arrondissement. Je n'ai pas trouvé beaucoup de personnes capables de s'investir. »

Monsieur L. comme madame C. évoquent les problèmes qu'ils ont rencontrés notamment avec les milieux religieux qu'ils soient chrétiens, juifs ou musulmans en tant que nourrisseurs. Ils sont aussi confrontés à des critiques qui les traitent de misanthropes : « On me dit : vous feriez mieux de vous occuper des humains ! Balivernes ! Les gens qui me disent ça, ne s'occupent de rien du tout ! » Monsieur L. met en relation son attitude envers le chat avec une attitude plus globale envers la nature. Il définit la nature comme une entité qui regroupe l'ensemble des « êtres sensibles[4] ».

---

4. Allant dans ce sens, des auteurs comme Élisabeth de Fontenay (1998) estiment qu'il faut reconsidérer l'animal. Nos façons de penser l'animal, les mêmes depuis le début de l'ère chrétienne, voient leur fin. Les progrès techniques concernant la manipulation du vivant et le déve-

Cette définition se trouve dans la littérature d'une écologie militante et dans les propos de personnes en contact étroit avec l'animal, compagnon ou chat des rues. L'idée d'être sensible est associée à celle de communication avec l'animal. Ce sont surtout des femmes, et des citadines, qui en parlent. Pour de nombreux hommes et des personnes d'origine rurale, l'animal doit conserver ses distances avec l'homme.

D'après monsieur L., cette idée de la nature diffère de la notion d'environnement. Celle-ci repose sur le postulat que le centre de l'univers est l'homme. Monsieur L. suivant son idée affirme ne pas avoir d'aversion envers aucun animal. Sa vision de la ville est celle d'un système écologique : les animaux présents dans l'espace urbain viennent y trouver de la nourriture. Malgré tout, comme d'autres nourrisseurs, les questions de prolifération et de stérilisation des animaux le préoccupent. Étant donné l'état des ressources, en termes d'espace, de nourriture, d'énergie, etc., le contrôle des naissances est nécessaire. Il concerne tous les êtres vivants, y compris l'homme. L'univers est au centre de la réflexion ; l'homme doit respecter son équilibre. Ces idées sont celles aussi de la Deep Ecology. En conséquence, il affirme que « c'est une impasse de dire que la culture surgit quand elle a coupé tout lien avec la nature... ».

Pourtant, au sujet de la nature dans la ville, monsieur L. est plus proche de la pensée commune, à savoir que ville et nature sont antithétiques : « La nature en ville est réduite. C'est une représentation de la nature. Même les jar-

---

loppement des problèmes d'environnement changent son statut. De nombreux philosophes, attentifs à distinguer l'homme de l'animal, ont tenu les animaux pour négligeables. Descartes les tient pour des machines, des automates, et Kant les compare à des « pommes de terre ». À partir du XIXe siècle, surtout au XXe siècle, écrivains et philosophes font le parallèle entre le traitement réservé aux animaux et, dans certains cas, aux êtres humains. D'autres philosophes, Merleau-Ponty, par exemple, supposent même que les animaux ont un monde. Progressivement, au cours du siècle dernier, la pensée de l'animal se transforme.

dins sauvages... Imaginez : les jardiniers ne veulent pas de chats dans leurs jardins sauvages. Car les chats mangeraient les oiseaux. C'est un paradoxe : les chats, dans la nature, sont chasseurs. Les endroits où il y a de la verdure, des arbres, m'évoquent la nature... Il y a des degrés de manifestation de la nature : elle est plus présente dans un endroit boisé qu'à Notre-Dame... La campagne c'est tout de même l'endroit où la nature se manifeste le plus librement... là aussi ça commence à devenir difficile, c'est une nature un peu peau de chagrin. » Et comme bon nombre de nourrisseurs, il estime que les « paysans » aiment la terre quand elle leur rapporte, et que, de plus, ils sont chasseurs.

Les discours de ces nourrisseurs montrent qu'ils condamnent certaines formes d'exploitation de la nature. Semblables à des militants de mouvements écologistes qui affirment sa rareté, son caractère fini.

Chapitre 14

L'IMPLICATION CITOYENNE

Pour comprendre le renouveau de la pensée au sujet du vivant animal, il convient d'articuler représentations communes et discours institutionnels. Qu'ils émanent d'institutions naissantes, issues du monde associatif ou de services municipaux, ces discours contribuent à la vie de la cité, certains ont force de loi. Ces institutions veillent à gérer le mal-être urbain, leurs actions montrent les difficultés de la gestion urbaine.

Dans un premier temps, nous nous intéresserons aux mouvements de protection de l'animal, issus du monde associatif et témoignant des modes de défense de l'animal en ville, à différentes époques. Des associations ayant pour objet la défense de l'animal en ville existent dans d'autres pays : les protecteurs des chats sont connus, à Rome.

L'École du chat est créée en 1978 et regroupe des nourrisseurs de chats aux pratiques auparavant solitaires. Les circonstances font sourire, aujourd'hui. En 1976, une femme âgée qui nourrit les chats au cimetière de Montmartre comme beaucoup – les chats y ayant trouvé refuge –, vient requérir l'aide d'un voisin. Désormais, il lui est interdit d'entrer dans le cimetière. Le gardien a reçu l'ordre de n'y laisser pénétrer aucune « protectrice nourricière ». La mairie de Paris veut procéder à la capture de la population féline qui prolifère. Ce voisin, monsieur Cambazar, photographe, fils d'un boucher, proche de milieux investis dans la protection de l'environnement, découvre que les chats errants sont condamnés. Ils sont destinés à être capturés par les services habilités (préfecture, sociétés privées), et conduits à la fourrière. Ensuite, ils sont mis à mort. À moins d'être réclamés par leur propriétaire.

Tout d'abord, monsieur Cambazar et sa voisine jettent de quoi nourrir les chats par-dessus le mur du cimetière. Ensuite, par voie d'affichage, ils appellent les riverains à lutter contre l'euthanasie de ces animaux : soixante-dix personnes viennent et rencontrent le conservateur du cimetière qui dit : « Prenez-les chez vous ! » Ils obtiennent de les enlever, de les faire stériliser et tatouer. Les chats ne seront pas euthanasiés. C'est une manière de contourner la loi.

En 1978, donc, l'École du chat est créée. Elle vise à faciliter l'intégration des chats « errants » : elle les stérilise, les tatoue, les domicilie sur leur territoire de naissance. Le premier « chat libre » est relâché. Cette dénomination est enregistrée à l'Institut national de la propriété industrielle (INPI). « L'animal qui a un propriétaire n'est pas un problème. Le "chat libre" n'a pas de propriétaire particulier. Il appartient à une association. Il n'est pas errant : il a une identité. Un chien errant ne peut pas rester sur le terrain : c'est un problème limité au chat. » Les responsables de l'association voient une différence entre l'animal sauvage, l'animal domestique et l'animal libre : « Le chat domestique est dehors par hasard. On peut l'adopter, le prendre dans ses bras. Le chat libre est né au-dehors. Il est sauvage : il vous regarde, mais fuit à votre approche. Pourtant, il dépend de l'homme. Le chat de campagne peut être familier... Les rats et les cafards sont plutôt sauvages. Cependant, les animaux qui vivent dans la maison s'apprivoisent. »

Dès 1993, l'École du chat compte une centaine de comités. L'association prend son essor grâce à l'aide de l'association Bourdon qui lui prête un local. Il devient leur siège social. En 1999, l'École du chat compte cent quatre-vingts comités : par comité, on compte au moins deux personnes et un petit groupe d'adhérents (de trente à cinq cents adhérents : autour de six cents personnes en France). Souvent, en accord avec la collectivité locale à qui incombe la gestion des animaux errants, ces personnes morales et privées mettent en œuvre la même politique qui faisait sourire en 1978. À savoir la capture, le tatouage, et la stérilisation des chats errants. La stérilisation nécessite que les chats soient pris en charge, transportés chez le vétérinaire et surveillés lors de leur convalescence. Les membres de l'École du chat s'occupent du suivi de la santé des animaux, et de les placer chez des citadins triés sur le volet. En attendant et faute de local, les chats logent chez les adhérents. Ce qui peut poser des problèmes avec le voisinage.

Les comités se trouvent essentiellement dans le nord, très urbanisé ; plutôt dans les villes où existent des sociétés de capture : afin de protester contre cette pratique. Le sud-ouest et le centre de la France n'en comptent qu'un, à Cahors. La responsable de l'École du chat l'explique : « Ces départements sont traditionnellement chasseurs et agricoles : pour les habitants, il est impensable de stériliser : on noie ! La vie de la campagne est plus rude : stériliser semble dérisoire. » Le travail des membres des comités diffère, pour une part, de celui des nourrisseurs isolés. Il semble qu'on assiste à une professionnalisation de la tâche de nourrisseur. Si les isolés ne faisaient pas en sorte de s'intégrer dans la vie de la cité, les membres des comités le font, rendent même des comptes à qui les financent ou les aident. À leur attention, certains comités rédigent des rapports d'activité. Voici un extrait d'un rapport présentant comment sont pris en charge les chats sur le lieu du tri postal de la gare de Lyon : « Le chat roux âgé qui vivait là a disparu sans laisser de traces. Le postier qui s'en occupait depuis dix ans ou plus et qui refusait de le laisser castrer, est désespéré ; mais depuis le temps, il aurait pu lui assurer une meilleure vie. Le jeune noir est toujours là ; peu après sa stérilisation, quelqu'un de malveillant lui avait tranché la queue. Est arrivé l'an passé un gris chartreux qui semble âgé et très sauvage. Puis un chat tigré et blanc, également sauvage. Nous venons d'apprendre finalement qu'il s'agit d'une chatte et maintenant elle a trois chatons… Catastrophe ! Nous n'avons pu les capturer malgré tous nos efforts ; seuls les postiers les voient à l'aube. Cependant nous les nourrissons régulièrement. Leur situation s'aggrave car le tri postal est en démolition et est investi par des bandes de marginaux, ce qui rend nos visites très périlleuses… Les responsables qui nous donnaient des autorisations ont tous été mutés et nous n'avons plus de correspondants efficaces. » Une phrase concernant le Père-Lachaise : « Nous achetons beaucoup de croquettes diététiques. Cette forme de nourriture est facile à conserver, l'été, elle ne se dessèche pas et l'hiver ne gèle pas. Cependant, les pigeons aiment aussi les croquettes et il est difficile de les éloigner. » Ce rapport est accompagné des comptes de gestion de l'association : les représentants des comités tiennent à ce que leur travail soit reconnu.

Aussi, progressivement, un dialogue s'est instauré entre les comités, les collectivités et les institutions (bailleurs, Direction des parcs, jardins et espaces verts, mairie de Paris) qui, traditionnellement, s'occupent de la gestion des animaux errants. Dès 1978, à l'initiative de la ville de Paris, un groupe de travail environnement, auquel participent l'École du chat et d'autres associations de protection animale, est créé. En 1993, l'École du chat est présente à la réunion organisée par la ville de Paris sur le thème : l'insertion des animaux dans le milieu urbain. En 1985, l'École du chat signe avec la préfecture de Paris une convention permettant d'employer des jeunes, des personnes au chômage (TUC, CES). Ils travaillent dans différents comités, interviennent principalement dans les cimetières de Montmartre et de Saint-Ouen. Le travail de « terrain » consiste à nourrir, capturer les chats, s'occuper des soins postopératoires et de l'entretien des « chats-LM ». Les enclos, dits « enclos-chat LM », au nombre de soixante, sont construits en banlieue parisienne. Leur conception intègre une idée de la ville. Les chats sont logés, collectivement. À en croire l'appellation, les animaux sont comparés aux citadins bénéficiant du logement social. Ces différents accords montrent à quel point le travail de l'association répond aux besoins de la ville, tout en bénéficiant du renouveau des sensibilités à l'égard de l'animal.

De manière générale, sur le terrain, une personne, une « mère nourricière » se présente aux pouvoirs publics comme responsable des chats errants. Ceux-ci lui laissent la possibilité de s'occuper de ses protégés. Les nourrisseurs de chats sont devenus des interlocuteurs officiels dans la gestion de la ville. Par leur activité, ils veillent au maintien de la salubrité publique, de l'hygiène.

Un travail impressionnant, à en croire les chiffres. En 1997, 9 058 chats ont été stérilisés, 4 707 adoptés et 6 625 placés en France ; 2 719 opérations ont été prises en charge par la fondation Brigitte Bardot, ce qui représente un coût total de 728 265 francs. L'association Bourdon finance également des stérilisations : au nombre de cinq femelles par mois. Comme le précisent les membres de l'association, on estime que ce sont, chaque année, des milliers d'animaux qui ne naîtront pas et ne seront donc pas mis à mort.

En 1998, l'association mère emploie trois femmes. La présidente vit en province avec soixante-dix chats ; la trésorière a sept chats, une secrétaire, douze. Elles sont bénévoles. Parmi les six cents personnes liées aux cent quatre-vingts comités, on trouve 90 % de femmes. L'une des responsables explique : « La femme a un lien affectif plus fort que l'homme. Lors des forums, on voit que les associations concernant le chat comportent des femmes. Elles aiment le chat : on ne peut pas le faire obéir. Les associations canines comprennent des hommes. Ils sont attachés à ce que l'animal obéisse ! »

Les représentations communes au sujet des nourrisseurs comportent une part de vérité : essentiellement, ce sont des femmes âgées. Par contre, elles ne sont pas forcément et loin de là, seules ou solitaires. Mais la réalité est en train d'évoluer. Dans les années 1980, les adhérents de l'École du chat étaient, en majeure partie, des gens ayant dépassé l'âge de la retraite. Aujourd'hui, la moyenne d'âge rajeunit. Il y a un renouvellement des gens sensibles au sort du chat urbain. Cependant, les nourrisseurs sont encore des gens pauvres, qui subsistent grâce à l'aide sociale.

Parmi ceux-ci, des femmes, les plus âgées et isolées, se méfient de tous et s'opposent aux opérations de stérilisation. D'où leur réputation de misanthropie. Ce qui ne facilite pas l'insertion sociale du chat. Ces nourrisseurs ont peur qu'on fasse du mal à l'animal. Ils imaginent devoir le protéger. Leur comportement provoque des réactions d'hostilité. En particulier, quand ils donnent à manger dans des lieux sacrés, sur les tombes. Pour ces gens, s'occuper des animaux n'est pas une fin. Souvent, ils aident également d'autres gens. Ainsi, ceux dans la rue, les sans domicile fixe (SDF). Ils interviennent dans leur milieu de vie, jouent un rôle dans la vie de quartier.

Tandis que les nouveaux adhérents de l'association ne nourrissent pas forcément les animaux. Ce sont des femmes, provenant de milieux d'employés. Elles sont d'origine citadine sur plusieurs générations. Parmi elles, de nombreux fonctionnaires : les seuls à avoir du temps ou l'idée de s'occuper des chats ?

Sur le plan du fonctionnement, l'École du chat évolue en raison de l'importance acquise. Aujourd'hui, l'association mère gère les listes d'adhésion aux comités et distribue les cartes d'adhérent. Elle conserve 10 % du coût des adhésions. Avec les ventes, cela paye le coût de fonctionnement. Dans le futur, les comités vont devenir des filiales. Ce qui leur donnera une existence juridique. Ils vont devoir gérer leurs adhésions, leurs aides. Même si « les gens à chats ne sont pas trop gestionnaires ». L'École du chat sera une fédération avec un ensemble d'associations adhérentes.

L'essor de cette association montre l'intérêt porté au statut du chat errant. Les dernières évolutions de la loi le confirment. La loi du 6 janvier 1999 qui concerne les pit-bulls porte aussi sur le chat errant (art. 213-6). Désormais, le maire peut faire procéder à la capture des chats errants afin de les stériliser et de les identifier, préalablement à les relâcher dans les mêmes lieux. Cette identification doit être réalisée, au nom de la commune ou de ladite association. L'évolution de la loi exprime celle des citadins et de leur sensibilité. Il s'agit de santé publique. Aussi, cela concerne le statut du vivant.

Une des responsables explique : les membres de l'École du chat ne sont pas des « écologistes » ; ceux-ci se préoccupent de l'homme, eux des animaux en ville. Cependant, l'essor de l'association semble lié au développement de la sensibilité écologiste, un phénomène urbain de notre temps, même si les écologistes se préoccupent davantage des animaux sauvages. On le voit en comparant son mode de création et de fonctionnement à celui de la Société protectrice des animaux créée au siècle dernier dans un tout autre contexte. La protection des animaux contre la violence des hommes était alors à l'ordre du jour (Agulhon, 1998). Comme aujourd'hui, mais dans des termes différents.

Au XIXe siècle, on protégeait les animaux domestiques de la violence des maîtres. Réfrénant cette violence, on espérait réprimer la violence des êtres humains entre eux. « La protection des animaux voulait être une pédagogie, et la zoophilie l'école de la philanthropie. C'était un problème de relation à l'humanité, et non de relation à la nature. »

On cherchait à contenir la violence du monde rural qui se trouvait dans les jeux traditionnels (coqs vivants tués à coups de jets de pierres dans des concours d'adresse, etc.), dans la sorcellerie (rats, serpents brûlés vifs, etc.) ou dans la médecine populaire. Mais aussi, celle du monde urbain.

Depuis le siècle des Lumières, le progrès consiste à bannir les spectacles de sang. L'abattage des bêtes se faisait en partie sur la voie publique ; en 1809, Napoléon dote la capitale d'abattoirs. En 1833, les combats d'animaux se trouvent interdits à Paris. On veut, explique M. Agulhon, cacher la mise à mort pour ne pas en donner l'idée. C'est jugé insuffisant. Le « martyre » du cheval de trait, utilitaire, est un « véritable lieu commun ». Ainsi que la violence des combats de chien. Cependant, évoquer l'ambiance urbaine de cette époque ne suffit pas à expliquer l'attention portée aux animaux.

À son origine, elle est une préoccupation sociale : le spectacle de la maltraitance et de la violence ne peut qu'encourager les hommes, portés à la violence : « la populace ». Les sociétés de protection des animaux visent au maintien de l'ordre bourgeois, dira Marx. Pourtant, les socialistes soutiennent le vote de la loi Grammont, en 1850, une des premières lois de protection animalière : les mauvais traitements infligés en public à des animaux domestiques deviennent des délits.

Aujourd'hui, il n'y a plus de chevaux dans les rues ni d'animaux ayant une utilité, comme dans une ferme. De quel renouveau des sensibilités témoignent ces combats menés en faveur des animaux « marrons » ? D'un nouvel « adoucissement » des mœurs ? Il est plus facile de protéger l'animal que l'homme. On peut imaginer que la virulence des combats pro-animal serait à la mesure de la difficulté de fonder un nouvel humanisme. Après l'échec des grandes idéologies de ce siècle, en particulier le communisme, et le développement d'un capitalisme difficile à vivre. Échec double : un nouvel ordre social, fondé en raison, n'a pas été instauré ; le rapport au milieu est compromis. La mise en évidence de la fragilité de la biodiversité, comme problème d'environnement, est associée à l'idée que l'homme est un prédateur, un destructeur de la nature. Parfois, on aime d'autant mieux l'animal qu'on méprise l'homme, exploitant la nature, sans contrepartie. D'où l'idée que l'homme a une dette vis-à-vis de la nature. Et vis-à-vis de lui-même, en tant qu'être de nature : les sociétés humaines le doivent aux générations futures. Autrement dit, le développement durable.

Les mauvais traitements infligés au cheval ont été à l'origine de la création de la SPA, en 1845. Très vite, les militants ont porté leur attention sur de plus petits animaux : chiens et chats dans la ville (Fleury, 1995). Les premières luttes en faveur du cheval étaient exclusivement masculines, celles qui ont suivi féminines. Aujourd'hui, la protection animale compte une majorité de femmes, en particulier la SPA. Même, on a pu établir le lien entre mouvement féministe et protection des animaux, à partir du XIXe siècle. La mission de la SPA est de lutter contre toute forme de souffrance animale (jeux cruels, vivisection, etc.). Ces militantes luttent aussi pour la protection de la faune sauvage. Elles combattent la chasse, mais pas la pêche : « Cette dernière, dit la présidente, ne véhicule pas l'image de violence de la chasse. » Elles ne s'intéressent pas seulement à la souffrance animale, qui demeure en partie invisible, inexprimée, dans la mesure où l'animal ne parle pas, mais à l'expression publique de la violence envers l'animal.

On s'inscrit dans la tradition décrite par Maurice Agulhon et rappelée ci-dessus : il s'agit de moraliser les mœurs. Les militantes de la SPA réprouvent le comportement de certains qui font du vivant animal, un objet. Les protectrices des chats ont une vision plus personnelle de la souffrance de leurs protégés : elles ne luttent pas contre la violence exprimée à leur égard, ou seulement en partie, mais cherchent à soulager leurs souffrances, en tant qu'animaux vivant en ville, forcément inadaptés.

Pour sa mission, la SPA compte 1 400 délégués enquêteurs sur tout le territoire qui signalent les cas de cruauté et soixante-quinze refuges : on y recueille les animaux dont les propriétaires ne peuvent plus assumer la charge. En 1997, 60 000 animaux dont 51 000 chats et chiens ont été recueillis. Chaque année, près de 20 000 chiens et chats trouvés transitent à Gennevilliers, le plus grand d'Europe. Il existe douze dispensaires qui octroient des soins aux animaux pour des gens n'ayant pas d'argent, dont un à Paris. En Île-de-France, il existe un service doté d'ambulances.

Dès 1860, la SPA est reconnue d'utilité publique (décret du 22 décembre). Depuis, elle a su prendre une importance croissante dans la société française, urbaine ou rurale. Aujourd'hui, elle est une institution en France, l'un des sigles les plus familiers au grand nombre. Si tous s'accordent sur son utilité, beaucoup hésitent à juger sa mission prioritaire. Est-ce primordial de s'occuper d'animaux abandonnés ?

Des responsables de la SPA sont bénévoles, d'autres sont à la retraite. Certaines n'ont jamais travaillé : ce sont des militantes. La présidente de la SPA, elle-même, raconte : elle a été infirmière, a élevé ses enfants, est bénévole. Mère et nourricière : telles sont les caractéristiques que les militantes pro-animal mettent en avant. La présidente de la SPA compare son ancien métier et sa fonction, aujourd'hui : « La nature : c'est une chaîne. Nature dont nous sommes tous locataires. On ne peut pas aimer la nature sans aimer les animaux. En tant qu'infirmière, une vie, c'est sacré. » Elle ajoute : « L'amour des animaux n'exclut pas celui des humains. » Ainsi, elle explique l'engouement des citadins pour l'animal domestique : à ses côtés, ils retrouvent leurs racines terriennes. Il constitue le dernier lien avec la nature. Aussi, l'animal domestique aide à structurer la vie quotidienne ; à constituer des repères. Comme compagnon, il est un vecteur de sociabilité.

La SPA s'occupe de l'animal, veille à ce qu'il ne soit pas maltraité. L'AFIRAC, Association française d'information et de recherche sur l'animal de compagnie, intervient pour défendre la richesse de la relation homme/animal en ville. Ange Condorcet, vétérinaire, avait observé que la présence animale pouvait être bénéfique aux êtres humains[1] : il crée l'association, en 1977. Aujourd'hui, Hughes Montagner, éthologue et psycho-physiologue, spécialiste de la petite enfance à l'Inserm, la préside. L'AFIRAC défend l'idée que l'animal contribue au bien-être, à l'équilibre du mode de vie urbain. Les membres de l'association constatent son importance qu'ils jugent ancienne : l'histoire urbaine va de pair avec l'animal. Aujourd'hui, il constitue un lien immédiat avec la nature. Donc, il faut favoriser son insertion harmonieuse ; pour créer une ville accueillante et chaleureuse. L'écologie urbaine ne peut être seulement « verte »...

Si l'on en croit Jean-Pierre Digard (1998), l'AFIRAC serait en partie financée par les fabricants français d'aliments préparés pour animaux. Son rôle de conseil auprès des collectivités locales, notamment au travers de ses publications – la lettre de l'AFIRAC, le dernier « Que sais-je ? » sur l'animal de compagnie – en ferait « un instrument de propagande de la zoomanie ambiante ». En effet, l'AFIRAC veille à l'insertion de l'animal dans la gestion urbaine. Cela va du conseil juridique à l'étude technique d'espaces pour chiens. Au début des années 1990, avec son concours, la ville de Nantes a engagé une réflexion visant à programmer des équipements et des actions pour favoriser l'insertion de l'animal dans les quartiers. Ces travaux ont abouti à la publication d'une « charte de l'animal » montrant les bénéfices de la présence des animaux sur le bien-être et l'épanouissement de l'homme. Cette charte ne concernait pas seulement l'animal familier, mais aussi des espèces sau-

---

1. Cette idée est née à la suite de travaux anglo-saxons. Des chercheurs de disciplines liées à la santé ou à l'étude du comportement (éthologie, psychologie, psychiatrie, médecine générale...) ont réalisé des études pluridisciplinaires sur le sujet. Dans les années 1980, le National Institute of Health américain s'est engagé à soutenir financièrement ces travaux. D'autres organismes, essentiellement américains, ont suivi. Depuis 1992, existe l'International Association of Human Animal Interaction Organizations qui coordonne les associations nationales, telle l'AFIRAC.

vages. D'autres villes, Montbéliard ou Rennes par exemple, réfléchissent également à la question.

Des mouvements de protection des animaux, nés en milieu urbain et propres à celui-ci, ont développé depuis le siècle dernier, un « nouvel idéal de protection et de compassion » envers l'animal. Pourtant, ces militants se montrent indifférents au sort des animaux de ferme ou des animaux de boucherie. Le développement des villes et de l'industrie favorise certains animaux aux dépens d'autres, désignés comme victimes.

Chapitre 15

LES POUVOIRS DE LA VILLE

Que ce soit l'École du chat ou la SPA, leurs interventions ont pour objectif de faire reconnaître la place de l'animal dans la vie de la cité, de régler les conflits qui peuvent lui nuire. La présence de l'animal familier est bénéfique au citadin et les citadins doivent se comporter comme des citoyens avec leurs animaux. Et tels des êtres humains à l'égard de leurs animaux.

C'est également l'objectif que poursuit Jean-Michel Michaux, vétérinaire, maître de conférences à l'École vétérinaire de Maison-Alfort, conseiller de Paris, délégué chargé de la vie animalière, seul élu[1] à avoir écrit plusieurs rapports[2] sur les relations citadin/animal mettant à profit

____

1. Élu en 1989 conseiller de Paris, chargé de mission sur la question de l'animal, il est réélu en 1995. Peu d'élus se sont intéressés à la question de l'animal en ville. Même les écologistes, peu présents dans la vie politique française, n'ont pas approfondi la question. Sur ce dernier point, voir Guillaume Sainteny, *L'Introuvable écologisme français*, Paris, PUF, 2000.

2. Depuis 1995, date de parution du rapport Michaux commandé par le ministère de l'Agriculture et de la Pêche, des engagements politiques ont été pris pour veiller à l'insertion de l'animal dans la ville : annonce de la loi sur l'animal de compagnie par le ministre de

ses compétences professionnelles. Pour beaucoup, la place de l'animal dans la ville n'est pas une question politique. Pour lui, l'animal est un problème politique s'il est source de conflits entre les citoyens. Autant de catégories de citadins qui habitent différents lieux de la ville : banlieusards, SDF, femmes à chats, vieilles femmes à chiens... veulent que leur mode d'habiter soit protégé. Sa tâche consiste à trouver une solution aux divers conflits. Alors, l'évolution des rapports homme/animal l'intéresse ; elle peut indiquer de nouveaux conflits en gestation ou, au contraire, des solutions à venir... Par exemple, le renouveau des sensibilités envers le vivant animal peut permettre de régler le problème des chats errants sur un mode non violent. Une catégorie de citadins les gérera. C'est une gestion déléguée. Par contre, l'usage du chien comme arme est un fait ancien. Son apparition dans les banlieues signale de nouveaux et violents conflits. Du coup, le projet de loi déposé en 1996 a été voté. La loi n° 99-5 du 6 janvier 1999 relative « aux animaux dangereux et errants et à la protection des animaux » classe les chiens dangereux en deux catégories : d'un côté, les chiens de garde et de défense, de l'autre, ceux d'attaque. Ces chiens doivent désormais être identifiés, vaccinés et stérilisés. Ils ne peuvent être l'objet de commerce sans autorisation.

Pour plusieurs raisons, certaines qui tiennent à ses connaissances de vétérinaire, l'élu de la ville s'est opposé à cette loi : ce texte représente une rupture avec l'ensemble des dispositions légales et réglementaires en vigueur, essentiellement fondées sur la responsabilité individuelle des propriétaires d'animaux. Aussi, il est difficile de déterminer l'appartenance d'un chien à une race. Enfin, comment faire respecter un tel texte ? Et un arrêté ministériel suffit à faire évoluer le classement, arbitrairement. Outre l'identification

---

l'Agriculture ; nomination d'un conseiller (lui-même) chargé de la vie animalière par le maire de Paris ; parution d'une loi à l'encontre des propriétaires de chiens dangereux.

obligatoire des animaux, cet élu conseillait la mise en place de mesures incitatives et de construire le « cadre d'une véritable politique d'insertion de l'animal en ville ».

En effet, il préconise de créer une culture populaire de l'animal qui prenne en compte sa spécificité en tant qu'être vivant. Politique que soutiennent des gens issus des professions de la santé, des vétérinaires comme lui. Ils mettent en avant l'apport de l'animal au bien-être urbain : il aide à lutter contre la solitude « urbaine », bien entendu ; il est anti-stress ; il a un rôle éducatif pour les enfants ; il rend des services aux aveugles, aux handicapés... Les nuisances que l'animal engendre sont mineures (déjections, bruit, zoonoses). Surtout, elles peuvent être contrôlées... Ainsi, l'élu explique : développons les connaissances, afin de mieux faire accepter l'animal en ville. On doit encourager la recherche : montrer l'intérêt psychologique de l'animal pour l'homme ; appréhender l'animal comme fait sociologique et économique ; comprendre le comportement animal et le parti qu'on peut en tirer ; explorer l'éco-biologie des animaux domestiques et des animaux commensaux. Aussi, il faut développer l'information en direction du public. Ce qui nécessite un consensus des différents acteurs du monde animal : pouvoirs publics, vétérinaires, associations de protection et marchands. Consensus inimaginable, aujourd'hui.

En définitive, cette vision politique de l'animal implique de lui donner une place importante, d'en faire même un élément essentiel de la vie sociale. Il s'agirait bien d'un rapport renouvelé homme/animal qui tend à faire de l'homme un être biologique au même titre que l'animal. En effet, l'homme a besoin de l'animal pour l'aider à surmonter des déficiences psycho-biologiques : stress...

Concernant les propositions, l'élu conseille de ne pas fiscaliser la possession de l'animal, ce qui nuirait à la liberté de chacun. La « perception d'une taxe sur la possession des animaux aurait un coût largement supérieur aux frais occasionnés ». Selon lui, l'animal domestique rapporte plusieurs milliards de francs à l'État et à l'Urssaf (environ 15 milliards) par les charges perçues sur l'activité qu'il génère (le chiffre d'affaires du commerce lié à l'animal serait de 30 milliards en 1998). Cela couvre les dépenses induites par sa présence (environ 42 millions de francs). Ce calcul est juste pour la collectivité, moins pour l'individu. Propriétaires et non-propriétaires payent également. C'est vrai pour la voiture, mais à la différence de l'animal, les conflits à son sujet ne remettent pas en cause son importance pour la collectivité.

Mais comme l'animal est un être sensible, il faut moraliser l'activité commerciale. Les vendeurs doivent informer le client s'il achète un animal inadéquat vu son mode d'habiter. Sinon, il risque d'être abandonné et recueilli à la fourrière[3] : les huskies, choisis pour leur couleur et leurs yeux bleus, ont été des chiens fréquemment abandonnés en 1997, 1998. Ils exigent un effort physique quotidien qu'on ne peut leur procurer en ville.

Pour éviter l'euthanasie d'animaux, rejetée par la majorité des citadins, il faut maîtriser les populations « commensales », pigeons et chats errants, contrôler leur reproduction. Ce qui nécessite de former différents intervenants urbains : les organismes HLM doivent supprimer les aires de nidification du pigeon ; les « mères nourricières » doivent devenir des interlocuteurs officiels des pouvoirs publics.

---

3. Instituées au siècle dernier « par mesure d'hygiène et de sécurité publique », les fourrières municipales et départementales ont pour mission de faire appliquer l'article 213 du Code rural. Actuellement, les communes ont l'obligation d'avoir accès à une fourrière. L'obligation d'assurer le fonctionnement et le financement des fourrières n'est précisée par aucun texte. Et pourtant, il s'agit d'un service public. Les fourrières existant actuellement accueillent environ 50 000 animaux. En cas de nécessité, elles les tatouent, les vaccinent. Soit les propriétaires sont retrouvés, soit les animaux vont dans un refuge sauf dans les départements rabiques où ils sont euthanasiés. Elles sont gérées par des associations de protection des animaux, des syndicats intercommunaux ou d'autres structures.

Pour cet élu, il y a donc deux catégories d'animaux en ville : le commensal qui vit en liberté dans la ville (chat, pigeon) et l'animal de compagnie.

Les discours de cet élu le montrent, mais aussi le vote de la loi et les débats qui l'entourent : il y a un intérêt renouvelé pour l'animal en ville, en particulier pour l'animal de compagnie. Il va de pair avec le développement des problèmes d'environnement. Si on prend en compte la création de 30 millions d'amis dans les années 1960-1970, cette évolution n'est pas récente.

Seulement, les termes du débat ont changé : l'animal est tenu pour un être sensible, différent d'un « bien matériel » sur le plan juridique, entérinant les évolutions du droit[4]. De plus en plus nombreux, des vétérinaires, des spécialistes des sciences de la vie prennent place dans la vie politique, y compris associative, et insistent sur son rôle dans le bien-être urbain. On constate une évolution des mentalités à l'égard du vivant, y compris celui, domestiqué et possédé par l'homme. La transformation des services de la ville en témoigne aussi.

Au moins deux services de la mairie de Paris s'occupent des chiens et des chats errants : la Direction des parcs, jardins et espaces verts et la Direction de la protection de l'environnement.

Ces derniers temps, ces services ont pris de nouvelles mesures afin de régler la question de l'animal en ville. La Direction de la protection de l'environnement insiste sur le respect de la propreté urbaine, afin de préserver l'urbanité. Des affiches ou spots publicitaires prennent à partie les propriétaires d'animaux : ce n'était pas le cas, jusqu'ici. Les

---

4. Ramdane Babadji, « L'animal et le droit : à propos de la déclaration universelle des droits de l'animal », *Rev. jur. env.*, janv. 1999. Selon J.-P. Marguenaud, l'évolution de la loi pénale est significative du « dépérissement de la théorie de l'animal chose » dans la mesure où les infractions contre les animaux ne sont plus classées dans la catégorie des infractions contre les meubles. La loi du 10 juillet 1976 relative à la protection de la nature fait de l'animal « un être sensible » (« L'animal dans le nouveau Code pénal », Dalloz 1995, chron. p. 185-191).

images montrent des enfants fabriquant des pâtés de sable avec des crottes ; des aveugles voient leur canne blanche transformée en « bâton merdeux ». D'où l'idée que la propreté est importante, en ville. Les espaces publics doivent être aussi propres, aussi entretenus, que l'intérieur des logements. On note que les campagnes d'information cherchent à responsabiliser le citadin à l'égard de sa ville, et non vis-à-vis des autres citadins. Se dégage une idée de la ville ; et même une ville substantivée, une entité idéelle.

La Direction de la protection de l'environnement dispose, aujourd'hui, outre les « motocrottes », des possibilités de sanctionner les « incivilités », à l'origine de 10 tonnes de déjections par jour. Cependant, pas question d'interdire, ni comme certains le réclament, de fiscaliser la présence du chien dans le foyer. Il s'agit de construire « une véritable politique de l'animal en ville », en incitant chacun à se montrer responsable de son animal, respectueux des autres. Il s'agit d'instaurer une cohabitation du citadin et de l'animal dans une « ville propre, agréable et accueillante » répète, par voie d'affiches, la Direction de la protection de l'environnement.

De son côté, la Direction des parcs, jardins et espaces verts cherche à circonscrire les endroits où les chiens peuvent « assouvir leurs fonctions naturelles » dans les jardins ou espaces verts ouverts aux animaux (une trentaine de sites sont concernés sur les 423 jardins dépendant de 8 circonscriptions : Montsouris, Buttes-Chaumont, champ de Mars...). En effet, du côté des propriétaires de chiens, les demandes de fréquentation se font de plus en plus pressantes tandis que du côté des non-propriétaires, les plaintes sont de plus en plus abondantes. Les jardins ne seront pas interdits aux propriétaires de chiens, mais seront équipés de « sanicanins ». Les propriétaires d'animaux doivent respecter des règles de propreté, de conduite pour que d'autres usagers de cet espace public les acceptent. Parallèlement, le public est sensibilisé à cette action (tracts, panneaux...).

Les usages en vigueur dans les parcs sont le produit d'une histoire, des rapports de force entre divers habitants. Beaucoup des grands parcs sont des créations de l'époque d'Haussmann. Prévus pour la détente des travailleurs et être des lieux de contemplation esthétique, ils sont devenus également des lieux de récréation pour les enfants, avec des espaces aménagés, et des endroits de repos pour de multiples catégories de citadins. La présence des chiens qui salissent et font du bruit contredit ces usages. Elle confirme les droits des propriétaires de chiens aux dépens d'autres citadins. Les chiens sont difficilement acceptés dans la rue, espace dévolu aux nuisances, mais ce rejet est plus affirmé encore dans les jardins. Où les citadins doivent pouvoir se « ressourcer » : tel est le terme employé. Il indique l'idée de « renouvellement de l'être » qui y est associée. Les chiens empêchent les habitants « d'habiter à loisir » : ils sont représentés comme des nuisances. Pour régler le conflit, sans mécontenter l'une ou l'autre des populations de citadins, outre les « sanicanins », la Direction des parcs, jardins et espaces verts a mis en place des cours d'éducation canine autour des maîtres mots de « obéissance, propreté, maîtrise (de son animal), éducation et connaissance » (30 cours en 1998). L'opération a coûté 3 millions de francs d'investissement.

Les chats errants, eux, sont des nuisances, moins pour les citadins que pour les gestionnaires. Leur présence est incompatible avec les aires de jeux pour enfants, notamment les bacs à sable. Pourtant, les vétérinaires constitués comme un véritable « groupe de pression » au travers d'associations comme l'AFIRAC ou d'élus poussent au rapprochement de l'animal avec l'enfant. Les responsables à la mairie de Paris rétorquent : le rôle du jardin n'est pas thérapeutique ; il ne s'agit pas de favoriser le contact de l'animal avec l'homme. Cependant, « la nature a horreur du vide ». Aussi, les chats prolifèrent : à cette échelle, impossible de conduire de façon systématique des campagnes de capture. Et « pour des raisons sociales », on ne peut pas exterminer le chat. Alors, même s'il est interdit de nourrir les chats dans les parcs, depuis les années 1980, des particuliers ou des associations prennent la responsabilité des mammifères, se constituent comme « correspondants » de l'animal.

En définitive, les pouvoirs publics tentent de contrôler la diversité des modes d'appropriation de l'espace urbain. En effet, on se représente la ville comme un, et un seul milieu, auquel tous les citadins ont accès. Elle est un espace défini, limité, à la différence de la campagne. Pourtant, ce sont plusieurs milieux. On ne peut la considérer comme homogène, sauf du point de vue de son administration. De ce point de vue, les pouvoirs publics se transforment en médiateurs. Ils régulent les usages de la ville, instaurent et veillent au maintien d'un ordre urbain. Ils seraient les « gardiens » du bien commun.

Depuis peu, au sujet de l'animal désiré, les pratiques des pouvoirs publics ont évolué. Cela est dû aux pressions des citadins et à leur rôle dans les modes d'habiter. Par contre, du côté de l'animal non désiré, elles se sont peu transformées. Les services chargés de l'hygiène assurent toujours leur contrôle. La politique de ces services s'inscrit dans la continuité de celle, initiée au XIXe siècle, ayant pour but la mise en place d'une hygiène publique, en ville et dans les campagnes (Murard, Zylberman, 1996). La construction des égouts, appelés les « boyaux de Paris » à l'époque d'Haussmann, y contribuait également. Ces politiques d'hygiène accordaient de l'importance au contrôle de l'animal. Elles concernaient les abattoirs, les fermes, les centres d'équarrissage ou l'animal errant dans la ville (Baratay, 1998).

À Paris, le service chargé des insectes et des rongeurs est appelé le SMASH, Service municipal d'actions de salubrité et d'hygiène. Il a été créé en 1896, mais depuis 1889 la ville de Paris mettait à disposition de la population les « étuves municipales de désinfection ». Aujourd'hui, ce service est chargé de désinfecter, assainir, désinsectiser les locaux ; de désinfecter et décontaminer le matériel, les literies et les vêtements ; de lutter contre les termites, les rongeurs ; enfin, de collecter les seringues usagées abandonnées. Ce dernier point met en évidence qu'il s'agit avant tout de lutter contre la propagation des maladies.

La présence des rats dans les caves ou les égouts pose des questions de salubrité publique. Si la peste et le choléra (la dernière épidémie remonte à 1832) ne sont plus à l'ordre du jour depuis des décennies, le réseau des égouts reste un foyer d'infection – avec risque de contamination – à cause des milliers de rats. Ils sont essentiellement concentrés sous les hôpitaux et les maisons d'arrêt. Selon la documentaliste du service d'assainissement, « les quartiers les plus infestés sont le boulevard de Belleville et la rue de Montorgueil du fait des petits restaurants. À l'époque des anciennes halles de Paris, le centre battait tous les records ». Quant au nombre exact, aucune certitude. D'après les services d'hygiène de la ville, la population des muridés est probablement d'« un peu plus d'un rat par habitant ».

Les mesures de prévention des égoutiers sont essentielles pour éviter le danger de propagation des maladies (notamment la leptospirose). Il y a une campagne systématique de dératisation à la demande de la préfecture. Autrement, les équipes de permanence interviennent sur des appels de particuliers. Le reste du temps, les égoutiers distribuent le poison au jugé. Pour lutter contre la prolifération du rat, ils utilisent environ 1 500 kg par an de raticide provoquant la mort par hémorragie. La dératisation ne doit pas être systématique, selon un agent d'exploitation : « Il faut maintenir un équilibre. S'il y avait trop de raticides dans les égouts, les rats remonteraient à la surface. » Actuellement, chaque égoutier perçoit une indemnité « destruction animaux nuisibles » de 2,50 francs par mois. Autrefois, une prime de 50 centimes récompensait chaque queue de rat rapportée.

En définitive, si les services de la ville prennent en compte le changement des mentalités au sujet de l'animal, leurs actions restent fondamentalement les mêmes que celles initiées au XIXe siècle : elles sont prophylactiques. Leur but est de maintenir la propreté de la ville.

Leur évolution manifeste donc seulement un lent renouvellement des représentations et pratiques sociales liées au milieu urbain. Par contre, certaines actions initiées par les pouvoirs publics montrent les signes de transformations plus radicales[5]. Ainsi, des praticiens qui contribuent à l'aménagement de milieux de vie accordent un statut, un rôle à de nouvelles espèces végétales et animales dans les parcs et jardins afin d'assurer la « biodiversité » de l'écosystème urbain[6].

La création du service Paris Nature au sein de la Direction des parcs, jardins et espaces verts en est un autre indicateur. Paris Nature est le seul service à utiliser le terme d'environnement, dans le sens de milieu. Pour la Direction des parcs, jardins et espaces verts et celle de la protection de l'environnement, le terme environnement est synonyme d'agrément. Ainsi, la Direction de la protection de l'environnement est responsable de la lutte contre les désagréments. Elle veille à la qualité de l'eau, de l'air, lutte contre les graf-

____

5. Les actions de particuliers – comme celles des nourrisseurs – peuvent être à l'origine de mouvements associatifs renouvelant la vie publique. Cependant, souvent en France, en matière d'environnement, ce sont des personnes issues de la sphère publique qui prennent l'initiative. Le groupe Armand, collectif regroupant des hauts fonctionnaires, a joué, dans les années 1970, un rôle manifeste dans la prise de conscience par l'opinion publique de l'environnement (Kalaora, 1998). C'est le cas de l'animal. Les mouvements de protection animale et des personnes occupant des postes de responsabilité sensibles à l'écologie jouent un rôle important dans le renouveau des sensibilités à son égard. D'ailleurs, il peut être considéré comme un problème d'environnement : il nuit, envahit, salit, rend malade...

6. Voir les actes du colloque européen « Vers la gestion différenciée des espaces verts », CNFPT, association des ingénieurs des villes de France, Strasbourg, 24-25-26 octobre 1994. Cf. aussi Patrick Legrand, « Gestion différenciée des espaces verts », Métropolis, *Humeurs d'urbanistes*, n° 103, juin 1995, p. 55-59.

fitis et les crottes de chiens. Elle surveille la propreté de Paris.

La création du service Paris Nature est liée à l'émergence de l'écologie comme force politique. Sensible à cette évolution, au début des années 1980, le maire de Paris a l'idée d'une Maison de la nature, comme cela se fait ailleurs en France. Cela doit servir à démontrer l'exemplarité des services de la ville. Étant donné la richesse du patrimoine naturel de la ville que les associations lui font découvrir, la personne en charge du dossier décide plutôt de montrer que la nature existe à Paris ; qu'il y a un patrimoine, ignoré des citadins. Projet qui concerne les enfants, plus sensibles à la nature, dit-on. En effet, le monde naturel sert de modèle à la construction de films et de livres enfantins. C'est une nature civilisée : le rôle exemplaire de chaque animal, de chaque plante est montré.

Pour convaincre de la pertinence du projet, il faut disposer d'informations. Le service Paris Nature, créé en 1986, fait réaliser l'inventaire des espèces animales présentes à Paris. Les oiseaux sont les premiers : ils disposent d'un capital de sympathie auprès des citadins. Pourtant, les ornithologues puristes pensent que les oiseaux en ville sont de la « racaille... » Les personnes en charge de l'étude répertorient cent vingt espèces. Suivent l'inventaire des poissons, lié à l'opération de rempoissonnement de la Seine, celui des reptiles et des amphibiens qui constituent des indicateurs de la qualité des milieux. Enfin, les mammifères.

Au début, ce service possède quelques bus, seulement. Il organise des expositions itinérantes auprès des écoles, des mairies d'arrondissement, et dans les parcs et jardins. Aujourd'hui, au moyen de plaquettes, il a créé et publicisé « les sentiers nature ». Des cheminements permettent de découvrir les plantes et la faune sauvage de Paris. En situation. Il s'agit de dépasser les idées reçues concernant la ville ; d'en proposer une autre vision : un milieu riche en espèces est un milieu de qualité.

Aussi, la responsable du service propose de découper le patrimoine naturel en ses composantes (air, eau...). Sa découverte est ordonnée autour de maisons : Maison de la nature au Parc floral, Maison de l'air à Belleville, etc. Son idée est qu'il faut montrer de belles choses ; en effet, se rendre compte que les choses sont « belles » aide à les respecter. C'est un bon moyen pédagogique. Ces maisons sont, au début, ouvertes uniquement aux enfants, ensuite à un large public.

La ferme de Paris, une autre initiative de Paris Nature, ne s'inscrit pas dans la même logique, mais est très populaire. De nombreux citadins désirent comprendre par le vivant ; un vivant qui n'est pas connoté de la même manière que dans un zoo. À cette occasion, ils montrent un surprenant manque de connaissances du monde naturel, du fonctionnement du vivant. De même, les ateliers de jardinage sont conçus afin de permettre aux scolaires d'appréhender la notion du temps biologique. Le temps qu'il faut au vivant pour croître et décroître.

Paris Nature a donc une mission éducative : changer la vision de la ville ; faire comprendre les mécanismes naturels aux citadins censés les ignorer. Ses initiatives accueillent un public en nombre important : en 1998, 300 000 personnes. Tandis que le public scolaire est de 40 000 enfants par an. Convaincus de l'avenir de leur projet, les responsables veulent encore augmenter la capacité d'accueil.

Le succès de ce projet, les inventaires réalisés ont contribué à l'évolution des pratiques jardinières. Les jardiniers de la ville ont adouci l'entretien des berges pour faciliter la reproduction des grenouilles. Ils veulent désormais montrer le résultat de leur travail, et la « nature » dans les jardins. Leur formation a évolué : elle comprend des cours de « lutte biologique ». Ainsi, ils utilisent la lutte biologique et moins d'herbicides. Acceptent des plantes « sauvages », installées de façon spontanée.

Les responsables du service ont voulu aller plus loin. Ils ont fait évoluer le regard porté sur les jardins : des jardins « naturels », comprenant des espèces endémiques ont accueilli du public. Un parc fermé depuis longtemps, où les plantes avaient poussé de manière anarchique, a été ouvert en l'état. Les Franciliens ont aimé le résultat. Une étude indique que ce jardin leur évoque « un coin de campagne », leur enfance. Cela montre l'importance du changement. Une étiquette suffit : un jardin sale, mal entretenu, devient le modèle du naturel. Même si les chats errants n'y étaient pas acceptés.

Le personnel de Paris Nature est essentiellement composé d'éco-éducateurs. En matière d'éducation à l'environnement, c'est le service le plus important de France. Pour l'essentiel, les employés ont des formations de naturalistes (biologie, écologie, éthologie). Qu'ils y soient sensibles ou qu'il y ait une tendance dans ce sens, les responsables notent que le public utilise de plus en plus le terme « environnement » avec l'acception de l'écologie scientifique.

De fait, leur classification des animaux fait intervenir leur formation. Est domestique une espèce entièrement modifiée par l'homme. Le pigeon bizet est une espèce sauvage. Le chat, sauf celui, à raies, proche du chat sauvage, est domestique. Leurs catégories ne concernent pas les mêmes objets que celles du discours commun. Sauf, parfois. Ils utilisent la distinction nuisible ou non, et font même intervenir la question du dégoût. Ils voulaient ouvrir une maison des insectes mais ne l'ont pas fait. Seule, une serre aux papillons est en activité. Ils sont beaux, associés très anciennement à l'idée de nature. Aussi, les membres de ce service considèrent que le milieu urbain est artificiel et comporte plus ou moins d'éléments naturels. Cela compose un gradient jusqu'à la campagne. Cette idée est contradictoire avec la mission du service qui consiste à montrer la ville comme un espace vivant, où la nature est présente.

Des associations... des services : des institutions dans la vie de la cité... Le renouveau des discours au sujet de l'animal connaît deux tendances. La première concerne la sensibilité accrue à la souffrance animale ; sensibilité des citadins, mais aussi d'éthologues, de vétérinaires, etc. Sensibilité liée au fait que l'animal est un être vivant, objet d'étude des sciences de la vie. Les professionnels de la santé, y compris de la santé animale, en parlent. Prennent position pour affirmer publiquement, politiquement, les aspects positifs de la relation homme/animal. La seconde met en jeu l'idée de ville ; elle est le fait d'écologues, mais aussi de chercheurs issus de sciences sociales.

Chapitre 16

CHEZ SOI, DANS LA NATURE

L'animal n'est-il pas prétexte à penser des rapports à la nature ? Alors que le rôle de l'idée de nature et de vivant devient important dans le développement de la pensée politique, dans le fonctionnement des services et associations urbaines, il convient d'examiner à quel point les catégories d'animal et de nature sont liées. Du côté des institutions et des citadins, on constate que l'animal en ville n'est pas associé à la nature, sauf dans les parcs, ainsi les canards, ou quand il ne vit pas uniquement en ville : les oiseaux. Des évolutions sont en cours : de nouveaux services tentent de redécouvrir le patrimoine naturel, y compris des espèces ignorées des citadins.

La blatte, animal non désiré, n'est pas désignée comme un être naturel. Parfois, on ne la voit pas comme un animal. Elle est un problème, une nuisance, tandis que les représentations de la nature sont positives : « Les cafards, ce n'est pas naturel ; ça représente le sale. La nature, ce n'est pas sale. » Dans l'idée, la blatte contribue à dégrader les lieux ; les éléments de nature, eux, les enrichissent.

Quand on dit « nature », on pense à toute une série d'éléments idéalisés : les jolies fleurs, les clairières, les arbres, les chants d'oiseaux... On pense aussi à la campagne ; elle est alors définie par des pratiques : on peut se promener... Elle constitue un lieu de ressource, sur le plan symbolique. Au point qu'une habitante explique : « En ville, il n'y a rien qui m'évoque la nature. Ce que je veux, c'est aller de ce côté-là (elle désigne l'autre côté de l'appartement) et regarder la campagne. Je ne regarde pas là-bas (elle désigne la ZUP [1]). » Elle continue : « Pour s'évader, on n'a ici que la télé et les jeux. Alors, il faut partir dans la nature. On ne peut pas rester enfermé dans les tours. Je suis capable de faire des kilomètres en marchant dans la nature. Après, je suis ressourcée. » On note à quel point les espaces que s'approprient les habitants de la ZUP, leur logement et la nature, sont situés dans un rapport de clivage aux autres espaces de la ville, à l'image négative [2].

Enfin, il y a la « grande nature », à laquelle participe l'animal sauvage, le mammifère. On se la représente au travers de paysages, autant de stéréotypes : le Grand Nord, la jungle, etc. Mais avant tout, la nature, c'est loin de la ville : isolé ; il n'y a pas d'hommes et pas ou peu d'habitations. C'est ce qui n'est pas inscrit dans l'histoire, ce que les sociétés humaines n'ont pas transformé [3]. Sont désignés

---

1. Comme le précise Jean-Michel Léger : « L'orientation, c'est aussi la vue, donc l'environnement. La préférence pour le spectacle de la nature est un des paradoxes de la vie urbaine déjà épinglé par Alphonse Allais. La recherche d'une vue, c'est-à-dire d'un recul sur le vis-à-vis typique de la rue urbaine est concomitante du développement des loisirs et de la vie urbaine. » (*Derniers domiciles connus, enquête sur les nouveaux logements 1970-1990*, Paris, éditions Creaphis, 1990, p. 49.)

2. J. Palmade ajoute : « Les seuls espaces appropriables par cette population, la nature et le logement, sont toujours situés dans un rapport de clivage entre les autres espaces et la ville. » (*Système symbolique et idéologique de l'habiter*, CSTB, 1977.)

3. Du côté du discours « naïf », trois aspects caractérisent les représentations qui parfois semblent en opposition les unes avec les autres, mais pourtant, le plus souvent coexistent dans l'esprit des gens. Tout d'abord, « la nature, c'est ce qui dépasse l'homme, rend possibles les conditions de son existence et de sa reproduction » (le ciel, la terre, le climat, le soleil...), c'est le non-historique, le non-social, le moins modelé par le travail humain. Ensuite, « la nature, c'est le sauvage, ce qui n'est

comme nature en ville essentiellement des éléments végétaux ou les parcs. Pourtant, ce ne sont pas les espaces verts
de proximité, nombreux dans les quartiers des Tarterets ou
du Blosne. Ni même en définitive les parcs puisqu'on « est
obligé de marcher sur des graviers ». « La nature, c'est plus
à la campagne. C'est l'air pur, les enfants courent partout,
c'est la liberté complète... »

De façon générale, les représentations communes dis-
socient ville et nature. Elles considèrent la ville comme un
espace de maîtrise, artificiel : des espèces vivantes sont des
intrus, des « mutants » qui ont perdu leur caractère
naturel. Ou la ville est pensée comme un espace dégradé,
sale : la nature, la « propreté naturelle, l'ordre, le calme »
ne peuvent s'y trouver.

Pourtant, les discours concernant la blatte pouvaient
faire croire qu'on associe à la nature en ville ce qui est
désiré, contrôlé dans l'espace urbain. En conséquence,
animal désiré, en partie contrôlé, le chat aurait pu être lié à
l'idée de nature. Or « le chat ressemble à l'homme, il n'est
plus sauvage du tout, alors ce n'est pas de la nature ! » dit
une Lyonnaise. Elle ajoute : « Les bêtes sauvages ne sont
plus sauvages au contact de l'homme, mais se sont
apprivoisées. » Aujourd'hui, essentiellement les écologues
et les biologistes considèrent l'animal en ville, désiré ou
non, comme un être de nature, mais ils ne se réfèrent pas à
« une nature », comme dans la pensée commune.

L'animal de la rue est reconnu plus sauvage : « L'animal
de la rue est plus nature. Par exemple, l'autre jour, j'ai fait
des trappages. J'ai vraiment vu des animaux. Je sais que
chez moi, il y a un dominant, mais il ne domine pas grand-

---

pas touché par l'homme. On se rapproche là de la première définition,
mais, dans ce cas, elle est assimilée, semble-t-il, aux animaux et espaces
vierges. Mais, il y a aussi la nature quotidienne, la familière, les oiseaux
autour de nous, les animaux en liberté dans les forêts... » (*Étude des
représentations sociales de l'environnement*, GRS, Paris X, 1991.) Il reste
à voir si ce sont des conceptions antagoniques qui ne sont pas, en dernière analyse, du même ordre.

chose par rapport à ce que j'ai vu sur le terrain, parce que moi je suis là, j'interviens. » Si l'animal n'était pas sous l'emprise de pratiques humaines de contrôle, il deviendrait plus proche de la définition d'un être naturel.

Ce n'est pas le cas de la blatte : il est admis que son milieu de vie est urbain, qu'elle échappe aux pratiques de contrôle. Différent du mammifère, l'insecte en ville renvoie à son introduction involontaire non désirée, à la répulsion qu'on éprouve à son égard. Aussi, aux lieux dans lesquels on le trouve. Ce rapport de répulsion fait de la blatte une saleté qui n'est pas à sa place en ville, qu'elle renvoie, en miroir, à une ville imparfaite, à laquelle elle contribue ou figure comme un élément déplacé dans un univers humain, propre, s'éloignant de la nature, extérieure à la ville. Marquée par l'idée qu'on ne la trouve que dans les lieux sales, elle ne peut renvoyer à l'idée de nature, aujourd'hui. Son « animalité » renforce son caractère « d'infamie sociale ».

Il ressort que la plus ou moins grande indépendance vis-à-vis du contrôle humain, et le rapport de répulsion vis-à-vis de l'animal contribuent à définir les éléments vivants animés naturels. Cependant, dans le cas des parcs, les pratiques de contrôle ne paraissent pas affecter leur qualité de nature. Cela dépend du rapport de l'être vivant aux pratiques de contrôle : planté, taillé, le végétal ne change pas profondément, essentiellement. De plus, le végétal plus que l'animal, renvoie à la permanence de la nature, au-delà du cycle de vie des individus. De même, dans les représentations, le chat tout de même conserve une certaine autonomie, même domestique. Errant, il peut être considéré comme une victime dans la ville et participer d'une nature « cassée », dégradée. Par contre, le chien, plus proche de l'homme, est « servile par nature ».

On pourrait dire : est défini comme nature en ville, ce qui, dans un contexte de maîtrise, n'est pas maîtrisé. Pour qu'il soit pensé tel, un élément de nature nécessite d'être désigné comme tel, et contrôlé, mais doit manifester son autonomie. Un Parisien observe des chats : ils habitent la cour au-dessous de chez lui. Les gens de l'immeuble les nourrissent. La chatte pousse ses petits à partir. Embêtés, les habitants veulent intervenir. Alors, la chatte disparaît. Ce citadin en conclut qu'ils n'auraient pas dû intervenir afin de modifier leurs pratiques d'êtres vivants à demi sauvages. Il les compare à des poissons dans un aquarium : « Je m'occupe du décor et ensuite les poissons, l'histoire, c'est eux. » En décalage avec ce que les citadins disent, on peut penser que les chats dans la ville, milieu humain, n'en restent pas moins associés à la nature : ils vivent leur vie.

Les rapports à la nature des citadins font intervenir un jeu subtil : une dimension de non-maîtrise, souvent imaginée, inscrite en creux, s'associe à la dimension de maîtrise. Installer un aquarium, son décor, ses plantes, ne permet pas de croire qu'on maîtrise l'animal. On lui recrée un univers artificiel. Il doit être proche des conditions naturelles. Ainsi, on contribue à ce qu'il vive. Cela participe de l'idée de maîtrise. Plus encore, le pouvoir de le tuer…

S'il est difficile de cerner ce qui peut être désigné comme nature en ville, on constate que les citadins éludent la dimension non maîtrisée de l'animal, pour la recréer, en imagination. Ce qui contribue à l'idéologie du sauvage, d'une nature préservée, mais ailleurs.

De la même façon, la ville est un espace maîtrisé, et non maîtrisé. Du point de vue de son fonctionnement, elle met en évidence l'impossibilité de la maîtrise. Les banlieues « difficiles » font partie du jeu symbolique. La place de l'animal le montre : même ses habitants considèrent leurs quartiers, comme sauvages, dangereux. Aujourd'hui, les représentations de la ville évoluent ; d'un cadre de vie destiné à améliorer le confort de ruraux d'origine, elle devient synonyme de jungle urbaine. Vivre en ville est devenu une aventure !

Pour comprendre les représentations de la nature, on doit donc aborder les modes d'habiter. L'anthropologie de l'espace s'intéresse aux différentes spatialités : délimitation, assignation, repères[4]... Or les modes d'habiter font intervenir un rapport à la matérialité de l'espace. Il faudrait en faire l'histoire, celle du monde vécu, de l'univers des « sensations[5] ». Ainsi, les modes d'ouverture, de clôture, permettent une circulation dedans/dehors : du froid, des courants d'air, des odeurs. L'opposition dedans[6]/dehors est essentielle pour comprendre les rapports des modes d'habiter urbain avec la nature. D'autant plus qu'on constate le développement de véritables « technocosmes urbains », de milieux techniques soustraits aux aléas climatiques et naturels, de « bulles technologiques » qui témoignent du progressif renforcement de l'artificialisation des milieux. Aussi, du fait que le développement scientifique et technique a pour visée : soustraire l'homme à la nature...

Joue la question d'échelle, également. La ville est un milieu à échelle humaine ; on pense les catastrophes naturelles, selon cette échelle d'habitat ; à la campagne, les phé-

---

4. Voir notamment les travaux d'anthropologie de l'espace menés par Castex, Cohen, Depaule, 1995. Selon ces derniers, il s'agit de considérer l'espace « comme une production sociale spécifique et le support d'usages eux-mêmes spécifiques ». « Cette approche inclut les savoirs, les opérations et les instruments qui concourent à produire un espace matériel. Mais aussi un tel espace saisi dans sa matérialité et ses formes, y compris ses formes symboliques. » Il comprend d'autre part l'usage, les lieux et les territoires, c'est-à-dire les espaces appropriés, qualifiés par des dénominations, des utilisations, des représentations, des fréquentations, ainsi que les régularités discernables sous la diversité des pratiques, et les relations des deux objets partiels que sont l'espace habité, ou selon la formule d'Henri Lefebvre, « l'habiter », et l'espace produit dans sa matérialité. « L'anthropologie de l'espace se définit aussi par sa visée : dégager une spatialité propre à une ou plusieurs cultures. »

5. Alors, décrire les modes d'habiter nécessite de considérer l'individu comme un milieu et d'observer ce qui se passe entre une succession de milieux qui seraient définis sur le plan biophysique, et sur le plan culturel. Les modes d'habiter font intervenir des individus (avec une biologie, une chimie, une physique) ; l'habitat (une matérialité construite) ; un langage pour en parler (rue, maison...) et des significations. Habiter consiste notamment à mettre en relation langage et matérialité, au travers de pratiques.

6. « Dedans » est défini comme un milieu privatif, commun à un ensemble de gens choisis.

nomènes ne sont pas représentés à la même échelle. Selon les conditions spatio-temporelles de vie, l'univers de vie, on ne se représente pas la réalité matérielle de la même façon. On peut distinguer trois échelles de représentations : ce qui est associé à l'intimité, à la proximité et au détail (plantes vertes, animal familier) ; ce qui est lié au social et prend en compte un espace plus englobant (jardin, le chien des autres, le chat errant) ; enfin, ce qu'on imagine à une autre échelle que la ville (l'oiseau la survole et ne lui est pas inféodé ; le ciel peut donner le sentiment de la petitesse humaine dans l'univers...). L'animal participe des différentes dimensions de l'habiter tout comme l'habitat joue un rôle dans les représentations de l'animal : « À côté d'où j'habite, il y a une cour intermédiaire. Au numéro d'à côté, c'est pareil, mais pas tellement cimenté. C'est comme un bout de terrain vague, enfin de terre battue, où poussent des plantes un peu sauvages. Ça donne un côté un peu campagne. Là, il y avait des chats... Ils n'y sont plus... Il doit y avoir une possibilité de sortir... Pourtant, c'est une cour fermée, enfin deux cours... »

Comprendre les cultures de la nature implique donc de ne pas s'en tenir aux rapports à l'espace, à une étendue. Cette notion, entendue comme un plan, perd son caractère opératoire avec le développement des problèmes d'environnement. Définir le milieu d'un individu ou d'un groupe suppose de le considérer ouvert, en interaction. Il faut saisir sa dynamique, les processus qui le relient au milieu, entendu comme totalité.

Quelle que soit l'importance de ces réflexions, dans les représentations des citadins et des gestionnaires, la ville est une œuvre humaine[7], où la nature n'est pas ou peu représentée. Les êtres vivants associés à l'idée de nature se trouvent dans la nature, ou à la campagne. Les animaux ont

---

7. Sur la ville comme milieu technique, voir Georges Friedmann, *Villes et campagnes, civilisation urbaine et civilisation rurale en France*, Paris, A. Colin, 1953.

une place, qui contribue à leur identité : « J'aime beaucoup la nature, les arbres, le chant des oiseaux, la ferme, la campagne, j'aime que toutes les choses soient à leur place dans leur élément. » Hors des lieux auxquels ils sont habituellement associés, il devient difficile de les référer à une catégorie. Ils sont dénaturés, sont des mutants. Ils perdent en naturalité ce qu'ils gagnent en humanité : « Je n'aime pas les zoos, voir ces animaux en cage ; ils ne sont pas dans leur milieu ; c'est comme les animaux errants, ils ne sont pas à leur place. Ils sont nés dans la jungle ou à la campagne. La nature a fait naître les animaux à un endroit. Elle fait bien les choses. » Ils se chargent de significations sociales. L'arbre, par exemple, représente sur le plan symbolique, l'urbanité, l'identité [8]. Comme tel, il est un matériau important de la ville. La blatte est le marqueur de la pauvreté et de la dégradation urbaine. La blatte n'est pas un animal : elle n'est pas associée à l'idée de nature ; elle participe d'un monde cassé, détruit, déséquilibré.

En définitive, la ville n'est pas un milieu naturel. Comme le montrent les textes de théoriciens de l'urbanisme, dès le XVIIIᵉ siècle, elle est conçue, imaginée, comme un lieu idéal qui verra l'avènement d'une société meilleure. Du point de vue des idées, elle participe de l'utopie.

---

8. Voir Claudie Gontier (Cerfise), *L'arbre d'ornement, marqueur symbolique et social des espaces publics urbains – Le cas des politiques d'urbanisation de la zone Fos Étang de Berre,* Plan urbain – SRETIE, 1993.

Chapitre 17

LA DOMINATION DU VÉGÉTAL

Dès les débuts de l'urbanisme, la ville est considérée « hors milieu » ; des éléments de nature choisis pour leur qualité abonderont le système urbain. Ils sont essentiellement végétaux et climatologiques : l'animal n'en fait pas partie. Avec le développement des techniques d'habiter, les sociétés urbaines ont cru pouvoir s'émanciper de la nature. Elles ont voulu recréer une surnature urbaine. Presque aujourd'hui, on peut distinguer la nature rêvée dont on a la nostalgie et qui est un élément dans la confection d'une ville sur-mesure et la nature, comme ensemble matériel et idéel.

La nature rêvée ne pouvait être représentée en ville. « La nature manque ici, c'est vrai. Mais quoi, l'endroit où nous sommes est une grande ville, voilà tout, écrivait Robert Walser en 1909[1]. Chez nous, il y avait partout de vastes perspectives et des échappées. Il me semble que j'entendais toujours les oiseaux gazouiller le long des rues. Les sources murmuraient toujours. La montagne couverte

____

1. *L'Institut Benjamenta (Jakob von Gunten),* La Galerie, Paris, Grasset, 1960, p. 48-49 et 74.

de forêts baissait son regard majestueux sur la ville. Le soir, on se promenait en gondole sur le lac tout proche. Les rochers et les bois, les collines et les champs étaient toujours à quelques pas. Il y avait toujours des voix et des odeurs. Et les rues de la ville ressemblaient à des allées de jardin tant elles paraissaient propres et douces au pas. » Plus loin, il ajoute : « Souvent (dans cette grande ville), à l'heure du déjeuner, je reste à ne rien faire sur un banc. Les arbres de la promenade sont tout à fait ternes. Les feuilles pendent comme du plomb sans naturel. Parfois c'est comme si tout ici était de tôle et de fer léger. »

De façon générale, cette conception du monde urbain est liée au développement urbain et des techniques en Occident, à partir du XVIIIe siècle. Elle va de pair avec le besoin de nature du citadin. Qui acquiert une importance particulière, dans la seconde moitié de ce siècle, avec le développement d'une sensibilité écologique parallèlement à celui des problèmes d'environnement. Ce besoin de « nature » intervient même dans le choix du mode d'habiter : un bout de jardin, un logement ensoleillé, aéré[2]... jouent un rôle dans les priorités des citadins. Il n'empêche pas que des villes, y compris souterraines, se développent, comme à Montréal, comme de véritables « technocosmes » urbains et marchands.

---

2. Comme l'écrit Élisabeth Ratiu, « il s'est avéré que pour la population ciblée de notre enquête, qui a déjà acquis les conditions de "base" en matière d'habitat et qui dispose d'un revenu qui lui permet un accès à une certaine "qualité de vie", les variables modulatrices de l'effet de norme relatives à leur satisfaction en matière d'espace habitable se situent au sein de leur "cadre de vie" et plus précisément du côté agréable de ceux-ci : certains "aspects physiques" du "quartier" comme : les "espaces verts", leur densité par rapport aux bâtiments, leur accessibilité quotidienne et la possibilité de se les approprier, sont les éléments modulateurs du degré de satisfaction des ménages vis-à-vis de leur logements » (*Le Besoin d'espace dans l'habitat*, sous la responsabilité de C. Levy-Leboyer, IRAP, Paris, 1993, p. 144). De manière plus générale, l'environnement de « proximité » (nature, verdure...) entre dans les variables qui permettent d'apprécier la satisfaction par rapport au logement.

Les utopies urbaines, les premiers modèles urbains ou les théories d'urbanisme ont contribué à façonner une ville qui valorise l'artifice[3], même si leurs auteurs ne voulaient pas rompre l'alliance avec la nature.

Les discours théoriques qui prétendent fonder les modes de fabrication d'un monde urbain[4] apparaissent pour la première fois en Occident, au XVe siècle. *L'Utopie* de Thomas More (1478-1535) est l'un d'eux.

La description d'Utopie, tout à la fois ville sans lieu et lieu du bonheur comme l'indique sa double étymologie, est un véritable portrait. Chaque trait de la ville est dépeint, y compris ceux l'inscrivant dans un milieu. C'est une description du site et de la situation de la ville. Les premières paroles du voyageur arrivant à Utopie le montrent : « C'est une île séparée du continent par un isthme de quinze mille pas ; elle présente l'aspect d'un croissant de lune, d'un périmètre de cinq cents milles, dont un bras de mer de onze milles environ sépare les deux "cornes" et forme une sorte de lac maritime, parfaitement calme ; l'accès de celui-ci est rendu difficile par un gros rocher, des écueils, et des hauts-fonds, tandis que du côté opposé, le littoral se signale par des brisants rocheux. » Ces caractéristiques naturelles servent à

---

3. Même s'ils n'ont pas contribué directement à fonder une ville spécifique, une matérialité bâtie, un espace à vivre, ils contribuent néanmoins à fonder la raison de nombreux projets, ensemble d'habitations et villes. Pierre Francastel, rappelle Marcel Roncayolo, avait mis en garde contre une explication qui, plaçant le corps constitué des idées et des aspirations, en amont de la pratique et du temps, ne parviendrait plus à donner le sens des réalisations : « Ce ne sont jamais les modèles élaborés au départ qui deviennent ceux que transmet une époque à la suivante. Mais, au contraire, ceux qui, mis au point dans la pratique, renversent les modèles prospectifs [...]. Il en est de même pour qui voudrait passer du système d'idées aux rapports sociaux : placer, en amont, des structures définitivement constituées soit de la pensée soit de la société, aboutirait à une théorie des reflets soit purement idéaliste, soit banalement matérialiste qui ne rend compte ni des décalages, ni des interactions. » (*La Ville et ses territoires*, Paris, Folio « Essais », 1990, p. 164.)

4. Françoise Choay, *La Règle et le modèle, sur la théorie de l'architecture et de l'urbanisme*, Paris, Seuil, 1980 et *L'Urbanisme, utopies et réalités, une anthologie*, Paris, Seuil, 1965.

justifier des éléments du bâti, qui en feront un endroit exemplaire, en termes d'organisation. Utopie est donc unique, elle a une individualité géographique. Elle est dépeinte de telle sorte, qu'on peut croire à son existence réelle, la description de sa matérialité servant à attester de sa réalité.

La nature est un décor : elle sera celui d'une nouvelle société urbaine. Elle est considérée comme une ressource : une nature exploitée au moyen d'ouvrages techniques, liée à la production de biens servant à la communauté humaine. Le fleuve constitue une défense. La source, un lieu d'approvisionnement en eau, une ressource. Nulle part, les habitants de cette fiction ne considèrent la nature pour elle-même. Sa gestion prudente fait intervenir les arts de l'ingénieur : « Cette source, qui est quelque peu en dehors de la cité, les gens d'Amaurote (la cité) l'ont entourée de remparts et incorporée à la forteresse, afin, qu'en cas d'invasion, elle ne puisse être ni coupée, ni empoisonnée. De là, des canaux en terre cuite apportent ses eaux dans les différentes parties de la ville basse. Partout où le terrain les empêche d'arriver, de vastes citernes recueillent l'eau de pluie et rendent le même service. » Il est fait mention des jardins des habitants, à l'arrière de chacune de leurs maisons où « ils cultivent des plants de vigne, des fruits, des légumes et des fleurs ». Ils en retirent joie et profit.

La nature est définie, comme la ville est construite, selon un plan bien déterminé et rationnellement pensé. Elle n'est pas une nature sauvage, à l'époque censée être l'habitat de populations non civilisées. Les rues des villes d'Utopie sont toutes semblables. La distribution régulière des maisons est un fait standard. Ces différents éléments, naturels ou construits, correspondent chacun à une pratique sociale. Le plan, la description spatiale, engendreront ce qu'il faut de bien-être et de rationalité sociale. On constate que les lieux, l'espace sont configurés afin de déterminer les comportements humains. Dans ce lieu, en partie naturel, mais d'où est exclue toute sauvagerie, tout caractère imprévisible, bonheur rime avec instrumenter la nature et fabriquer un milieu.

On retrouve ce trait dans d'autres utopies urbaines du XIXe siècle, qui accordent plus d'importance au modèle spatial. Ces écrits s'ordonnent autour de la critique de la ville ancienne, et des effets de l'installation des industries en leur sein. L'extension de l'urbanisation, l'insalubrité des logements et les mauvaises conditions de vie des ouvriers mobiliseront ces utopistes, puis les urbanistes. Parallèlement à la critique de la ville, à la montée de la méfiance envers la grande ville populeuse, dangereuse, l'apologie de la nature s'amplifie. On commence d'entrevoir le parallélisme avec lequel se développe « le thème de la nature, du retour aux champs, dans l'idéologie des classes aisées et le mouvement de migration du petit peuple des campagnes vers les villes ou celui des habitants des petites cités vers les plus grosses » (Perrot, 1968). Alors que la ville était le lieu de la civilisation, du goût et du raffinement, la vie à la campagne devient le lieu d'une vie saine, vertueuse, belle [5]. Les travaux qui s'y déroulent sont idéalisés ou éludés. La vie en ville est dépeinte comme insalubre : « Jusqu'à la fin du XIXe siècle, les risques de maladie sont beaucoup plus forts qu'à la campagne. L'éclairage des appartements est trop faible pour que le soleil assainisse l'atmosphère. L'approvisionnement est médiocre et l'eau consommée est souvent polluée. Ainsi, même en dehors des périodes de crise, la situation sanitaire laisse à désirer. Sans émigration permanente vers la ville, la population citadine disparaîtrait vite

------

5. Cela est particulièrement visible chez Rousseau qui va jusqu'à valoriser les lieux les plus isolés et incultes (mer, montagne...). D'après Jean Viard (1988), mais aussi Keith Thomas (1985), il a fallu le développement des villes et de la vie urbaine pour que s'élabore un goût particulier pour la campagne et la nature. C'est donc dans la mise à distance de la campagne, de la nature rurale, qui, auparavant, s'élaborait au prix d'un travail quotidien et au travers d'une connaissance populaire du milieu naturel, que se construit ce goût pour la nature rurale et sauvage. C'est une mise en réserve de l'espace « naturel » au profit des citadins, mise en réserve qui atteindra sa plus grande visibilité avec la création des parcs naturels.

tant l'hygiène est déplorable : la mortalité est plus forte qu'à la campagne, et elle est particulièrement élevée chez les enfants, plus sensibles aux épidémies et mal immunisés contre les atteintes microbiennes et virales. » (Claval, 1981.)

Des auteurs deviennent encore plus virulents quand il s'agit de décrire la condition des ouvriers : Jules Verne (1828-1905) dans *Les Cinq cents millions de la Begum* ou Victor Hugo (1802-1885) dans *Les Misérables* : « Ils vivent dans la promiscuité, dans des logements sans hygiène. Dans ces conditions, leur comportement ne peut être vertueux, alors que les habitants des campagnes le sont. » Dans les discours, la comparaison campagne/ville est constante ; l'une est valorisée aux dépens de l'autre : la différenciation est un des éléments de la rhétorique. Confrontés à ce constat, aux méfaits engendrés par le développement urbain et industriel, des penseurs du XIXe siècle, réformistes, élaborent des propositions afin de construire une nouvelle société. Dans ce dessein, ils dépeignent de véritables villes, bien qu'elles restent de petite taille à l'image de communautés : à l'organisation sociale correspond une organisation spatiale. Leurs travaux marqueront les débuts de l'urbanisme, même s'ils auront très ponctuellement un caractère opératoire. Leurs projets visent à avoir une valeur universelle, ils les élaborent donc à partir d'une théorie des besoins de l'homme, qui sont ceux, sociaux, mais aussi psychologiques. Il faut rendre sa vie rationnelle, l'homme connaîtra le bonheur. Cela passe par l'ajustement de l'espace, de l'organisation locale, à ses besoins.

La communauté de Charles Fourier (1772-1837) sera donc installée dans un site magnifique : « Que le pays soit pourvu d'un beau courant d'eau, qu'il soit coupé de collines et propre à des cultures variées, qu'il soit adossé à une forêt et peu éloigné d'une grande ville, mais assez pour éviter les importuns. » La ville idéale – décrite par Fourier ou par Victor Considérant (1808-1893) qui, à la mort de Fourier, devient le chef du mouvement phalanstérien, et directeur de son organe, la Phalange – ne ressemble pas à la ville de l'époque et même à celle, d'aujourd'hui : « Contemplons le panorama sous nos yeux. Un splendide palais s'élève au sein des jardins, des parterres et des pelouses ombragées, comme une île marmoréenne, baignant dans un océan de verdure. C'est le séjour royal d'une population régénérée. » Une nature improductive, différente de celle des premières utopies, qui sert essentiellement de décor. Elle se constitue comme source d'hygiène mentale. Robert Owen (1771-1858) intégrera explicitement, dans sa proposition d'un village industriel les questions d'hygiène et celle, liée, de la densité urbaine. Il propose beaucoup de jardins et la séparation des habitations de l'industrie. Ces espaces sont définis comme vacants et permettent la circulation de l'air.

Les auteurs de ces textes centrés sur la question de l'hygiène s'attachent à prévoir la gestion de la propreté dans l'espace urbain. Voici la description d'Icara, ville modèle, développée par Étienne Cabet (1788-1856), en 1840 : « Jamais je ne pourrais te répéter toutes les précautions prises pour la propreté des rues. Que les trottoirs soient balayés et lavés tous les matins, et toujours parfaitement propres, c'est tout simple : mais les rues sont tellement pavées ou construites que les eaux n'y séjournent jamais, trouvant à chaque pas des ouvertures pour s'échapper dans les canaux souterrains. Non seulement la boue, ramassée et balayée à l'aide d'instruments ingénieux et commodes, disparaît entraînée dans les mêmes canaux par les eaux de fontaines, mais tous les moyens que tu pourrais concevoir sont employés pour qu'il se forme le moins de boue et de poussière que cela est possible. »

Enfin, une ville modèle hygiéniste est décrite à laquelle contribue la nature végétale : Hygéia de Benjamin Ward Richardson (1828-1896). Ce médecin anglais inventorie dans son projet, initialement une communication au congrès de 1875 de la Social Science Association, les techniques de lutte contre l'insalubrité des villes modernes. Il définit une maison type, construite dans une rue ensoleillée où, de part et d'autre, sont plantés des arbres. Les équipements publics sont entourés d'espaces jardiniers, ce qui contribue à l'esthétique urbaine, mais aussi à l'hygiène. Ce sont des espaces vacants qui laissent passer l'air et la lumière. Jean-Baptiste Godin (1819-1888) écrit : « Dans le palais social, la lumière doit pénétrer partout avec abondance : pas de cabinets noirs, pas d'endroits obscurs ; la clarté et l'espace sont les premières conditions de l'hygiène. Aussi, tout est largement éclairé au Familistère, comme tout est largement pourvu d'air et d'eau. L'espace consacré aux communs, la grandeur des cours, les jardins et les promenades qui entourent ce palais, tout concourt à donner libre accès partout à l'air et à la lumière. » Au fur et à mesure que les interventions en matière de politique urbaine se développent, des politiques de contrôle de la nature se mettent en place. Les unes comme les autres cherchent à modifier l'espace, afin de produire un ordre social, et même une hygiène sociale. L'espace est vecteur de salubrité... Le contrôle de la nature passe par la sélection des éléments naturels sains. Grâce au développement des techniques, on envisage de faire une ville conforme aux besoins de l'homme, à l'abri des aléas naturels, où le progrès social sera assuré.

Peu de ces penseurs réussirent à donner une forme matérielle à leurs cités idéales. Il faudra attendre, en France, le milieu du XIXe siècle : une politique de maîtrise de la nature est associée à sa mise en œuvre technique. Haussmann est alors préfet de la Seine (1853-1870) et va veiller aux transformations de Paris. Alors, les techniques urbaines vont favoriser le confort, l'hygiène, mais aussi l'introduction d'une nature contrôlée, choisie. Le génie urbain débarrassera la ville de sa mauvaise nature : mauvaises odeurs, orages, inondations [6]... Parallèlement, on introduira la nature végétale, sous forme de promenades.

---

6. Sur le génie urbain qui « débarrasse la ville de sa mauvaise nature », la « désaisonne », voir « La disparition des saisons dans la ville », *Les annales de la recherche urbaine*, n° 61, *Les saisons dans la ville*, mars 1994, p. 9-15.

Haussmann chargé de réaliser le dessein de Napoléon III confie à l'ingénieur Adolphe Alphand le soin de créer un Service de promenades[7]. Mission dont il rendra compte dans un ouvrage qui fait référence : *Les Promenades de Paris*. L'implantation de cette végétation s'inscrit dans une vision esthétique de la ville. Elle est accompagnée d'éléments de mobiliers urbains (kiosques, candélabres, bancs, grilles d'arbres...). Elle correspond aussi à une politique hygiéniste, à caractère moral[8]. Les citadins, les travailleurs doivent trouver des lieux de détente, de plaisir qui contribuent à leur éducation, au progrès social.

Les cités-jardins, conçues en Angleterre dès la fin du XIXe siècle, puis développées dans différents pays d'Europe, proposent aussi une forme urbaine offrant la possibilité d'un nouveau rapport à la nature. Elles inspireront de nombreuses conceptions de l'urbanisme contemporain. Elles font appel aux beautés de la nature, de la campagne qui procure du plaisir grâce à ses « forêts parfumées, son air frais, le murmure des eaux ». Car « ni l'Aimant ville, ni l'Aimant campagne ne réalisent complètement le but d'une vie vraiment conforme à la nature. L'homme doit jouir à la fois de la société et des beautés de la nature. Il faut que les deux aimants ne fassent qu'un ». Les cités-jardins sont pensées comme de petites villes, limitées dans l'espace. Leur dessin prend en compte les caractéristiques du site et intègre des éléments de nature, de pittoresque.

---

7. Caroline Stefulesco, *L'Urbanisme végétal*, Paris, Institut pour le développement forestier, coll. Mission du paysage, 1993.

8. Yves Luginbuhl explique que « l'hygiénisme et l'esthétisme contenus dans l'urbanisme du Second Empire, empreints du sens moral déjà souligné, ne sont pas pour autant dénués d'un sens social : la ville s'organise en effet dans une différenciation socio-spatiale, comprise également dans des espaces verts [...]. Si le besoin de beauté et de santé, c'est-à-dire de nature, est effectivement un des arguments de l'organisation formelle et sociale de la ville, il reste dans les pratiques et les discours fortement teinté d'une idéologie paternaliste et ségrégative », « Nature, paysage, environnement, obscurs objets du désir de totalité », *Du milieu à l'environnement*, Paris, Économica, 1992, p. 43.

Le pittoresque, selon un autre théoricien urbain de cette époque, « cherche à être aussi vrai que la nature ». Jusque dans le caractère des maisons, avec leur jardin de devant, public, et celui, de derrière, privé, renvoyant à des pratiques sociales différenciées[9], les cités-jardins seront l'alliance de la ville et de la campagne, et de leurs avantages. Cette intrication du végétal et du bâti renvoyant à l'idée d'une vie meilleure, pacifiée, s'inscrit, comme idéologie, dans les développements ultérieurs de l'urbanisme moderne : les villes nouvelles, mais aussi des utopies vertes contemporaines. Elles intègrent le végétal, nommément : l'arbre, la haie, le jardinet, la pelouse... Un végétal, docile, à la forme désirée[10].

À la rencontre des tendances de l'utopie sociale et du traitement technique des grandes villes, l'urbanisme prend corps, vers la fin du siècle dernier. Le terme entre dans la langue française vers 1900-1910. Parmi les urbanistes de ce corps naissant, existe une tension entre « ceux qui scrutent l'histoire et les différences culturelles, et les modernes qui rêvent de table rase et d'universalisme[11] ». Probablement, ces deux attitudes recouvrent une visée commune qui est « d'anticiper les choix et les comportements sociaux, de

---

9. Selon Jean Castex, Jean-Charles Depaule, Philippe Panerai, « le schéma est proche du pavillonnaire avec les différences qu'implique un devant renvoyant moins à un espace de représentation privé qu'à un espace de représentation collectif » (*Formes urbaines : de l'îlot à la barre*, Paris, Dunod, coll. Aspects de l'urbanisme,1980, p. 62).

10. Voir Marcel Roncayolo, « L'urbanisme, la guerre, la crise », *Histoire de la France urbaine*, t. 4, Paris, Seuil, 1983, p. 149. Mais les principes des cités-jardins tels qu'ils sont ici décrits ne seront pas respectés lors de leur réalisation. En Angleterre, ces cités-jardins seront des villes de banlieue rapidement intégrées dans un tissu urbain continu ; tandis qu'en France, sous la pression de diverses contraintes, « la cité-jardin n'est qu'un quartier de l'agglomération, une réponse à la question du logement et de l'habitat salubre », puis progressivement ce qui était un projet d'habitations individuelles devient une série d'immeubles collectifs. On glisse alors « du mythe de la nature vers l'équilibre des formes et des masses ».

11. Françoise Choay, *L'Urbanisme, utopies et réalités, une anthologie*, Paris, Seuil, 1965, p. 23.

présupposer par le cadre (projeté) le sens d'une évolution ou des changements qui ne sont pas seulement formels » (Roncayolo, 1992).

Appartenant au premier type, certains proposent d'analyser la ville comme un produit du milieu et de l'histoire, ce qui permettrait d'anticiper sur le développement urbain en prenant en compte l'évolution propre de la ville [12]. D'autres, plus sensibles à la géographie du lieu en tant qu'elle contribue à la morphologie urbaine, prônent la prise en compte du site dans l'élaboration matérielle de la ville [13]. Ainsi, Camillo Sitte (1843-1903), architecte, directeur de l'École impériale et royale des arts industriels de Vienne, écrit en 1889, dans *L'Art de bâtir les villes* : « Pourquoi supprimer à tout prix des inégalités de terrain, détruire des chemins existants, et même, détourner des cours d'eau afin d'obtenir une banale symétrie ? Mieux vaudrait au contraire, les conserver avec joie, pour motiver des brisures et autres irrégularités. Sans elles, les créations les plus belles gardent toujours une certaine raideur et une affectation d'un fâcheux effet ; puis, elles permettent de s'orienter facilement à travers le dédale des rues et même au point de vue hygiénique, elles ne sont pas sans avantage. C'est grâce

---

12. Des auteurs comme Patrick Geddes (1854-1932), urbaniste, autodidacte, biologiste à un moment où « l'évolutionnisme et le transformisme sont des combats idéologiques », explique, en 1904, dans une conférence prononcée devant la Société de sociologie, qu'il considère les villes comme le produit du milieu et d'une longue histoire. On peut étudier la ville, de la même manière qu'on étudie « la nature vivante en évolution », c'est-à-dire en commençant « par son examen géographique et scientifique » ; c'est une étape indispensable pour toute tentative de prévision scientifique du futur, pour qu'elle évite les dangers de l'utopisme.

13. *L'Art de bâtir les villes,* écrit par Camillo Sitte (1843-1903), ouvrage de 1889, est publié en France en 1902. L'auteur dénonce les transformations opérées dans les villes à partir du milieu du XIXe siècle, en particulier les « démolitions » viennoises ou parisiennes. Il insiste sur le respect de la ville existante et sur son intégration dans tout projet de ville futur, dans une vision architecturale et matérielle de l'espace urbain, dissociant la réflexion sur les formes urbaines de la réflexion sur les fonctions. Dans cet extrait, il montre la nécessité de prendre en compte les irrégularités du site dans la construction de la ville.

à la courbure et à la brisure de leurs artères que la violence du vent est moins sensible dans les artères anciennes. [...] À peine a-t-on pénétré dans la ville moderne qu'on est entouré de nuages de poussières. » Sa préoccupation est d'ordre esthétique, et non socioéconomique. La nature figure comme un décor pour la ville.

Cependant, l'individualisation des fonctions urbaines et le zonage sont au cœur du projet urbain et de la modélisation de la ville et fondent la pratique d'urbanistes aux visées plus modestes [14]. Alors, le parc est un espace dévolu à la détente, proche des habitations.

Seuls quelques-uns s'opposent aux prétentions universalistes, à l'élaboration d'un univers fonctionnel. Ces positions ne sont pas celles qui domineront dans l'entre-deux-guerres. Alors, les questions d'hygiène et de circulation seront privilégiées : cela s'inscrit dans la continuité des préoccupations émergeant au XVIIIe siècle, mais engendrera d'autres politiques urbaines, avec l'accroissement des possibilités techniques (hauteur des bâtiments, ouvertures, isolation, chauffage...).

La circulation sera un thème important de cette entre-deux-guerres. Il inspirera l'école française d'urbanisme, la SFU, et les architectes « modernes ». Eugène Hénard, architecte et urbaniste (1849-1923), membre du Musée social et premier président de la SFU va développer une réflexion technique d'une influence considérable. Il fut l'inventeur de la ville pilotis sur sol artificiel. Il explique : « Tout le mal vient de cette vieille idée traditionnelle, que le sol de la rue "doit être établi au niveau du sol naturel primitif". » Or rien ne justifie ces errements. En effet, si l'on part de l'idée contraire que « les trottoirs et la chaussée doivent être artificiellement établis à une hauteur suffisante pour laisser en dessous, un espace capable de contenir tous les organes des services de voirie », les difficultés que nous

---

14. Ainsi que le montre Jean-Pierre Gaudin, « Art urbain et urbanisme », *Desseins de ville*, Paris, L'Harmattan,1991.

avons signalées plus haut disparaissent totalement. Cela implique « un étage en plus du sous-sol pour les maisons voisines, puisque le sol du rez-de-chaussée se trouve relevé au niveau de la rue ». Cette conception d'une ville à étages où la circulation s'opère à plusieurs niveaux va aboutir aux plans des modernistes qui vont faire de la ville une véritable « machine à circuler », élaborant ainsi une esthétique urbaine, une matérialité urbaine.

Permettre de circuler, c'est aussi casser l'encombrement urbain, créer de grandes percées, des zones de visibilité. Le zonage sera un des moyens pour mettre en œuvre ce plan urbain. Le rêve de certains urbanistes « modernistes », proches du courant prôné par les CIAM (congrès internationaux d'architecture moderne), de créer une cité, partant d'une « table rase » connaîtra une opportunité après-guerre. Ce sera les grands ensembles, autrement appelés le « Hard French » (Peillon, 1993).

Le plus connu d'entre eux, Le Corbusier (1887-1965) [15], pour lequel architecture et urbanisme sont indissociables, représente une ville noyée dans la verdure : « Au lieu de tracer des villes en massifs quadrangulaires avec l'étroite rigole des rues cantonnées par les sept étages d'immeubles à pic sur la chaussée et encerclant des cours malsaines, sentines sans air et sans soleil, on tracerait en occupant les mêmes superficies, et avec la même densité de population, des massifs de maison à redents successifs serpentant le long d'avenues axiales. Plus de cours, mais des appartements ouvrant sur toutes les faces à l'air et à la lumière, en donnant non pas sur les arbres malingres du boulevard actuel mais sur des pelouses, des terrains de jeux et des plantations abondantes. » Alors, selon W. Gropius (1883-1969), qui a exercé sur l'architecture et l'urbanisme contemporain une influence comparable à celle de Le Cor-

---

15. L'œuvre urbanistique de Le Corbusier est peu importante du point de vue des réalisations, comprend des plans directeurs jamais exécutés et surtout de nombreux livres qui ont une grande influence sur toute une génération d'architectes et d'urbanistes.

busier, « la nature a été reprise en considération. La ville, au lieu de devenir un pierrier impitoyable, est un grand parc. L'agglomération urbaine est traitée en ville verte. Soleil, espace, verdure. Les immeubles sont posés dans la ville derrière la dentelle d'arbres. Le pacte est signé avec la nature ». L'usage répétitif des termes « air », « soleil », « verdure », assénés comme des solutions au mal-être des citadins, montre que ces modèles urbains fonctionnent comme des standards. On ne prend pas en compte la spécificité socio-historique des villes, ni géographique, climatique. Au point que le terrain où la ville est implantée est plat, un lieu abstrait pour une « machine, sculpture [16] ».

Ce désir d'universaliser les solutions d'habitat urbain revient à déterminer la forme urbaine qui conviendra à tous les hommes. Ces théoriciens ne pensent plus le lieu. Ils le recréent à partir d'éléments, éludant le fait que le tout est plus que la somme des parties. Le bâtiment type fonctionne comme une ville. Il comprend ses commerces, ses rues, s'abstrait de celles, au sol. Il contient son propre sol : alors, l'espace vert, le site, la situation sont autant d'éléments de la mise en scène et, pour les habitants en hauteur, fonctionnent comme des éléments du spectacle. Ces villes seront à la campagne, les réconciliant. On note du point de vue de l'habiter, les changements ; ainsi, par exemple, la rue est intérieure et n'est plus soumise aux aléas climatiques…

Cela dit, pour comprendre l'habitat moderne, il ne suffit pas de lire ces textes. Les logiques technico-économiques et la mise en place d'une politique du logement d'après-guerre ont transformé les principes qui les guidaient. Au sujet des espaces verts, l'analyse de grands ensembles, notamment la ZUP sud de Rennes ou les Tarterets, montre qu'ils s'inscrivent en creux des espaces bâtis. On ne peut les considérer comme nature ni comme

---

16. Jean Castex, Jean-Charles Depaule, Philippe Panerai, *Formes urbaines : de l'îlot à la barre*, Paris, Dunod, coll. Aspects de l'urbanisme, 1980, p. 62.

spectacle : ils sont vacants ; minéraux ou verts, ils n'ont pas été pensés. Le plus souvent, ils sont à l'abandon. De même, les questions d'opportunité foncière, plus que les questions idéologiques, justifient que beaucoup des grands ensembles aient été réalisés à la campagne. Parfois, sur des sites où, pour des questions météorologiques, aucune habitation n'avait été construite. Les urbanistes ignoraient les fonctionnements bio-physiques propres à la campagne.

Un peu plus tard, un architecte américain F. L. Wright[17] s'oppose à la grande ville où « l'homme a échangé son commerce originel avec les rivières, les bois, les champs et les animaux, pour l'agitation permanente, la souillure de l'oxyde de carbone et un agrégat de cellules à louer posées sur la dureté d'un sol artificiel ». Il proposera un modèle de ville dans la nature afin de contribuer au développement harmonieux de la « personne comme totalité ».

À partir de l'idée qu'on peut avoir aujourd'hui de ces réflexions, on voit se développer une conception de la ville, comme opposée à celle de nature. La réunion de ces deux termes servant à l'élaboration d'un modèle de ville, dans l'idée d'une personne idéale[18]. Se met en place un corps de pratiques urbaines, servant ces réflexions, contribuant à mettre la ville hors eau, hors sol, avec le bitume et d'autres techniques. Leur ensemble crée un homme, libre de se façonner à sa guise, dégagé de tout déterminisme naturel. La ville est un milieu idéal. L'espace vert, un de ses éléments. Les critiques, Lewis Munford ou d'autres, proposeront des usages de l'espace vert ou du parc, différents de

---

17. Frank Lloyd Wright (1869-1959), *The living city*, Horizon press, New York, 1958, p. 17-23, 31, 45, 47-54, 62-65, 109-110, 112, 116-122, 139-140, 148-153, 158, 161-162, 166, 168, 176, 188, 217.

18. Critiques de la ville, ces penseurs veulent instaurer un espace bonifiant les conditions d'existence du citadin. Or l'hygiénisme a inauguré une vision unitaire de la ville comme espace de génération de maladies : le territoire urbain apparaît comme une unité sanitaire. Voir L. Murard et P. Zylberman, « L'ordre et la règle. L'hygiénisme en France dans l'entre-deux-guerres », *Les cahiers de la recherche architecturale*, n° 15 à 17, 1985.

ceux déjà définis. Ils ne sortiront pas de la définition fonctionnaliste de la ville. Les recherches urbaines iront dans le même sens ; à savoir l'adéquation entre un modèle de ville, avec une morphologie définie, et des usages préconçus.

Des textes issus de la tradition philosophique confirment la dichotomie nature/ville. Pour Gilles Hottois [19], « la ville est une opération de négation de la nature, du donné physique comme un forçage ». Plus encore, cet auteur montre qu'aujourd'hui, l'idée de ville est de l'ordre de l'utopie. Les utopies urbaines définissant les premiers technocosmes, des espaces construits, techniques, artificiels et autarciques. Des récits de science-fiction imaginent jusque dans ses limites extrêmes un tel développement. La ville est pensée comme un système technique, totalement contrôlé, prévu.

Aujourd'hui déjà, l'habiter est proche d'un « technocosme » : « L'appartement ou la maison constitue notre technocosme de base. Il est de plus en plus clos et autarcique par rapport à la nature (songeons à l'isolation et au conditionnement thermostatique) en même temps qu'il est de plus en plus intensément relié à d'autres technocosmes ou éléments de technocosmes plus vastes (du téléphone à la télématique). » On ne se représente plus le lieu de la ville, mais un « objet technique hypercomplexe et systémique ». Ce milieu technique n'est pas plus un milieu transparent que le milieu naturel, véritable énigme. Il est le fait des experts qui savent le produire et l'entretenir. Comme les milieux naturels contemporains... Entretenus par des spécialistes. On est dans un rapport technique à la nature, mais aussi symbolique. Même si ce versant de la relation est éludé.

Ces discours sur la ville confirment la difficulté de l'habiter, alors qu'elle est le lieu de déplacements fonctionnels. Ils oublient la ville comme milieu de vie des individus

---

19. « Le technocosme urbain. La ville comme thème de la philosophie de la technique », texte ronéotypé, conférence donnée dans le cadre de la 17ᵉ école urbaine ARAU, Bruxelles, mars 1986 in *Penser la ville, choix de textes philosophiques,* AAM éditions, Bruxelles, 1989.

et cadre concret, agissant des rapports sociaux, investi sur le plan symbolique, imaginaire. L'éloignement de la nature contribuerait à la crise du bien-être en ville. La volonté de réintroduire la nature dans le modèle urbain participe de la dichotomie nature/ville. Mais c'est une nature vécue comme positive, alors que celle, négative, est contrôlée au moyen des techniques urbaines. Une nature végétale et climatique, comme vecteur d'hygiène, participant à la qualité de vie.

Les principes hygiénistes qui ont favorisé la domination du végétal comme nature ont contribué à ce que l'animal soit repoussé hors des villes : le végétal contribue à assainir l'air que l'animal corrompt, avec sa respiration, la dégradation de ses excréments, de ses cadavres... « La respiration des animaux, les fermentations, les combustions, et enfin les effluves de toute espèce corrompraient bientôt l'air de l'atmosphère et le rendraient mortel à tous les animaux si la nature n'avait pas trouvé un moyen de ramener l'air corrompu à l'état d'air commun : c'est la végétation des plantes », écrit Lavoisier en 1788.

Dans l'ordre du vivant, le règne végétal supplée la neutralité du minéral pour réduire les nuisances du règne animal. D'où les plantations le long des boulevards qui parent la ville de « pompes aspirantes et foulantes mues par l'air », régulant ainsi la circulation verticale des vapeurs [20]. Des préoccupations propres aux sciences de la vie, liées à la santé, interviennent dans l'élaboration du milieu urbain.

Cette pensée de la nature joue sur la disposition des logements, jusque dans l'espace intime [21]. Elle contribuera à l'élaboration d'une matérialité urbaine pensée comme positive, participant à un développement social harmonieux. Nature, donc, mais nature idéale, à laquelle l'animal ne

---

20. André Guillerme, *Le Temps de l'eau, la cité, l'eau et les techniques*, Seyssel, Champvallon, coll. Milieux, 1990, p. 202.

21. Voir le numéro 3 spécial « machines au foyer » de *Culture technique*, publié en septembre 1980 par le Centre de recherche sur la culture technique.

s'associe pas. Jacques Ellul[22] décrit une ville où l'homme est le seul être vivant : « La ville est faite de choses mortes. Ciment, fer, acier, béton, asphalte, verre, plastique (même la pierre, encore vivante, autrefois reine de la ville, en disparaît). Uniquement du matériau. Rien ne peut y survivre. Tous les animaux, sauf les rats ont disparu. Et l'on commence à trouver que maintenant les chats et les chiens sont encore de trop dans cet univers fossilisé. »

Les urbanistes négligent le fait que la ville est liée à la nature. Ils s'inscrivent dans l'idéologie moderne de domination et de manipulation de la nature. Ils en font un cadre de vie. À partir des années 1970, ils tenteront toutefois de réinscrire dans leurs pratiques, l'idée que la ville a une géographie, une histoire. Certaines de ces réflexions se réfèrent à un courant : « l'écologie urbaine[23] ». À partir des années 1960-1970, se développe une approche écosystémique[24] de la ville : des écologues réalisent plusieurs études d'écosystèmes urbains. Ces chercheurs ne sont pas urbanistes, mais

22. « "Les idées-images" de la ville de l'homme quelconque », in *L'Idée de la ville*, actes du colloque international de Lyon, Champvallon, Seyssel, 1984, p. 37-43.

23. Le terme écologie est créé en 1866 par un biologiste allemand Haeckel. Il signifie science de l'habitat. Selon la définition même donnée par Haeckel, ce terme désigne la science globale dont l'objet est l'étude des interrelations des êtres vivants avec leur environnement. Voir François Ramade, *Dictionnaire encyclopédique de l'écologie et des sciences de l'environnement*, Paris, 1993.

24. En nous tournant vers les écologues, nous constatons que se développe, dans les années 1960, une approche écosystémique de la ville, dont les pionniers, écologues, sont A. Wolman (*The metabolism of cities*, publié en 1965) et Eugène Odum (*Fundamentals of ecology*, publié en 1976). Cette approche qui propose des méthodes d'analyse urbaine intègre le rapport ville/nature dans sa double dimension matérielle et idéelle. En Europe, l'ouvrage de l'écologue Jean Duvigneaud, publié en 1974 (*La Synthèse écologique. Populations, communautés, écosystèmes, biosphère, noosphère*, Paris, Doin), s'inscrit dans cette tendance et représente le courant français de cette écologie urbaine systémique. Par ailleurs, plusieurs analyses de l'écosystème urbain sont à l'époque réalisées. Citons notamment les études de la ville de Bruxelles conduites par J. Duvigneaud et de la ville de Paris par J. Vigneron. L'énergétique urbaine est une démarche d'analyse qui emprunte à l'analyse écosystémique de la ville. Il y a aussi les grands programmes d'analyse globale et systémique de la ville.

leurs études visent l'amélioration de l'aménagement urbain. Ils proposent de définir une rationalité écologique, à l'échelle d'un pays, par exemple, et le compartimentage des différents écosystèmes. Le mode d'analyse de ces systèmes et de leurs interactions est énergétique ; on détermine les limites et les capacités de chaque système, afin d'obtenir un meilleur équilibre entre l'homme et son cadre de vie. Il s'agit de la définition d'une norme, d'un mode d'expertise pour une décision politique. Dans ce type de travaux, l'aménagement de la ville se fait à partir de principes déterminés à une échelle globale.

Ces travaux, réducteurs des termes culturels des sociétés, ne prennent pas en compte les particularités liées à chaque échelle d'observation [25]. Les éléments de nature, et l'animal, sont réduits à leurs composantes biophysiques. Malgré tout, ils amorcent un renouveau de l'analyse urbaine : la ville acquiert une identité biophysique comme milieu de vie. D'autres recherches [26] iront dans le même

---

25. De façon générale, ces travaux montrent que l'écologie scientifique envisage la terre comme un ensemble d'écosystèmes en équilibre ; la respecter est contribuer au bien-être de l'humanité : « Le problème de la conservation des ressources naturelles est aussi celui, apparemment contradictoire, de leur meilleure utilisation pour le bien-être de l'humanité. » (Duvigneaud, 1974.) En définitive, ces écologues définissent les bases mêmes de l'écologie comme idéologie politique (Georges Guille-Escuret, *Les Sociétés et leurs natures*, Paris, A. Colin, coll. Anthropologie au présent, 1989). La science permet de définir les faits, et de régler l'ordre des valeurs. On contrôle l'aménagement du territoire, d'un point de vue objectif et spécialisé.

26. D'autres recherches seront réalisées concernant l'écosystème urbain (programme Man and Biosphère de l'UNESCO). Elles incluront des travaux au sujet du bien-être de l'homme dans des systèmes urbains. Seulement, l'étude des perceptions est intégrée relativement à l'ensemble du système. Le système naturel contient le système social. L'homme constitue un des rouages de la nature. Aussi, le bon fonctionnement d'un système n'est pas preuve qu'il n'y a pas de crise sociale. Dans ce cas, l'animal, au même titre que l'homme, sinon qu'on ne considère pas qu'il ait un monde, est un des éléments du système. Dans les années 1980, se développent des politiques locales de l'environnement urbain. Souvent, il s'agit d'améliorer la qualité de vie en ville. Les études de l'AFIRAC abonderont leurs réflexions, faisant de l'animal un des éléments du bien-être urbain. À cette époque, des chercheurs de sciences sociales, comme Edgar Morin, tentent de développer une approche écosystémique et la préconisent pour l'étude de la ville (*Métropolis* n° 64-65,

sens, éludant la complexité du rapport idéel/matériel[27], substantivant le produit des constructions scientifiques.

Dans les dix dernières années, on assiste à un renouveau de l'écologie urbaine, des recherches consacrées à l'environnement urbain. Sous la pression associative, nombre d'élus locaux, de services techniques, ont fait leurs les questions d'environnement urbain. Ce mouvement intéresse également les instances nationales[28]. On constate que l'idée de système, de réseau, d'interrelations liée à l'idéologie environnementaliste, écologiste, dans le sens politique, gagne jusqu'à la pensée ordinaire.

Cependant, cette diffusion ne s'accompagne pas de la possibilité d'envisager un nouveau mode d'analyse de la ville, intégrant sa matérialité. On tente d'articuler représentations des citadins et analyse du milieu éludant le caractère politique de cette coupure, correspondant à celle du sujet avec l'objet, des sciences de l'homme et des sciences de la nature. Ainsi, dans la pensée commune comme dans la pensée savante, on néglige la dimension biophysique de la ville, et l'idée de nature est principalement associée à celle de campagne, et le naturel au rural.

« Écologie urbaine. 1 : nouveaux savoirs sur la ville », *Métropolis*, n° 64-65, 1984, numéro réalisé sous la direction de Christian Garnier et Philippe Mirenowicz).

27. Complexité de ce rapport dans la mesure où il est difficile à décrire ; il reste plus facile d'affirmer que tout est « idéalité », et produit des constructions sociales, ou encore que tout peut être décrit du point de vue de son fonctionnement matériel (biologique, physique, chimique).

28. Cependant, ces politiques font souvent abstraction du social ou le réduisent, écrivent C. Garnier et P. Mirenowicz (*op. cit.*).

Épilogue

LES CITADINS COMPATISSENT

S'interroger sur la place de l'animal dans la ville ne revient pas à étudier l'originalité des types de discours, ceux des habitants, ceux des élus ou gestionnaires des villes, et ceux des urbanistes. C'est rendre compte du jeu permanent entre l'habiter tel que le définissent les citadins, et l'habitat tel que responsables et urbanistes le préconisent ; entre la nature telle qu'elle est vécue au quotidien et racontée, et celle, élaborée, en réponse à l'évolution des mentalités, et sur le mode prescriptif, dans le cadre des pratiques d'urbanisme ou de la gestion urbaine.

Aujourd'hui, les citadins accordent beaucoup d'importance à l'animal, mais font de sa place une question complexe. Il ne s'agit pas de savoir s'il faut plus ou moins d'animaux, mais de comprendre le statut qu'on accorde au vivant animé dans l'espace urbain. Premièrement : la question est d'autant plus difficile, qu'il n'y a pas l'animal en ville, mais des animaux qui servent à penser l'organisation de l'espace urbain, alors qu'on élude les milieux urbains. L'animal fait partie du langage des citadins[1]. L'oiseau,

---

1. Voir Claude Lévi-Strauss, *La Pensée sauvage*, Paris, Plon, coll. Agora, 1962, p. 274-277.

associé à la nature rêvée, profite de la ville, mais n'en est pas prisonnier. Il vole au-dessus de l'espace urbain, le survole. Les citadins lèvent la tête pour le voir dans le ciel. Se forgent une image : l'oiseau, comme idéal de liberté... Au contraire, le chien est un bout d'humain. Il montre à quel point il est difficile de vivre seul en société ; d'être un individu dans la foule. Accompagné du chien, l'individu n'est plus seul ; il est un compagnon, au même titre que la femme, le mari. Le chat est ambigu : il n'est pas humain, mais pourrait l'être. Il met en évidence ce qui se joue dans l'idée de maîtrise : maîtrisé, et puis non ! Le pigeon, exemple d'oiseau sédentaire, est associé au citadin, à sa saleté, à la dégradation du milieu urbain : humain, trop humain ! La blatte montre ce qu'il y a d'indestructible dans la nature, donc de radicalement étranger, ce qui ne peut être assimilé. Elle constitue une métaphore, ignoble, du genre humain. En groupe, on l'assimile à « une horde noire ».

Ces représentations des animaux impliquent la qualité des lieux où ils se trouvent, aussi, leur espèce et leur vie organique : en fonction de quoi, les sciences de la vie les définissent comme des animaux. Ainsi, l'animal ne contribue pas seulement au langage des citadins. Son autonomie, sa motilité, sa vie organique en font un objet du langage des sciences de la vie, qui, l'étudiant en ville, contribuent à redéfinir une idée de la ville. Notamment, en révélant qu'il existe des animaux autres que ceux que les citadins voient en ville. Ce qui montre que la ville, à la différence de la campagne (ces deux termes n'étant pas équivalents), est conçue comme un milieu fermé. On dit même qu'en ville, on est à l'abri des aléas naturels : sous « bulle ». C'est oublier, par exemple, les séismes en Turquie.

Ensuite, déterminer le statut du vivant animal en ville, c'est s'accorder sur la question de la souffrance. Devenue essentielle. Elle est relative à l'idée d'êtres vivants dans un milieu artificiel, technique. Qui ne peut plus être pensé du fait de sa complexité. Se préoccuper de la souffrance du vivant montre un repli sur des phénomènes jugés fondamentaux. Pour au moins deux raisons : dans nos sociétés, la souffrance est à éradiquer, cela fait l'objet d'un consensus. Ensuite, s'attacher à la souffrance, c'est reconnaître la douleur et son expression comme celle, ultime, de l'humanité de chacun. En définitive, je pleure, car j'ai mal, car je sais mon malheur, et qu'il sera désormais mien. Reconnaître la souffrance des animaux n'est pas simplement constater leur douleur physique, mais aussi leur prêter le pouvoir de lui donner une forme, d'en faire l'expression de soi.

Or, comme être sans langage, l'animal n'a pas ce pouvoir. Sa souffrance est celle de son propriétaire ou d'un être humain. Elle relève d'une projection, d'une confusion que nombre de citadins estiment être le fait de gens, incapables de penser de manière rationnelle. C'est honteux, ridicule, de se projeter ainsi. En outre, se préoccuper de la souffrance des animaux reviendrait à caricaturer le fait de s'occuper de la souffrance humaine. Ainsi, on fait de l'objectivisme, une vérité fondamentale. Et du sujet se confondant avec son monde, un « faible d'esprit, un sauvage », oubliant l'importance de la pensée symbolique. Pourtant, une des sources de souffrance naît du rapport de l'individu à son milieu.

Il semble que les gens attachés aux animaux en ville, des « vivantistes », s'opposent à une société jugée indifférente au monde sensible, aux politiques fondées sur la régulation technique. Pourtant, ils ne sont pas opposés à gérer l'animal. Au-delà des discours de citadins, dans les mouvements de protection animalière, ou de défense du rôle de l'animal en ville, on note la présence des vétérinaires et d'autres professions de santé, y compris des psychologues. Au travers de la question de l'animal se jouent des rapports de pouvoir entre des gens attachés à l'idée du bien-être du vivant et ceux attachés à une idée de l'homme, non fondée sur le biologique.

Enfin, se mettre d'accord sur le statut de l'animal, c'est déterminer son lien avec l'idée de nature. Comme être vivant, l'animal participe de la nature, et ne peut être assimilé à du mobilier urbain. Proche de l'homme, il en est dépendant, et ne peut être considéré comme sauvage, naturel. Au point que, sauf pour les écologues et dans les discours officiels, l'animal en ville ne renvoie pas à la nature. En conséquence, la relation à l'animal illustre bien la tension entre l'idée de ville et de nature. Dans les discours, la ville est un produit de l'artifice et un milieu technique. Les espèces vivantes animales transportées dans l'espace urbain deviennent déplacées, dénaturées, dans une certaine mesure des « produits urbains ». Le degré de transformation dépend des lieux dans lesquels l'animal vit et la gestion dont il est l'objet. De même, l'espace naturel s'oppose à l'espace géré (les arbres dits « naturels » sont ceux qui poussent sans avoir été plantés). Dans cette gamme du plus ou moins « nature », l'artifice est la variable majeure. Mais n'est pas nature ce qui est incontrôlé dans l'espace urbain : la blatte le montre. En définitive, les représentations associent peu l'animal urbain à la nature, sinon lorsqu'il vit dans un parc et est associé au végétal. Semblables aux réserves naturelles, le jardin ou le parc dans la ville sont des lieux privilégiés, évoquant l'idée de ressource spirituelle ; où l'on ne sacrifie pas à la nécessité, au fonctionnalisme urbain [2].

De même, le plus souvent, les discours des urbanistes négligent l'animal qui n'entre pas dans la conception de la ville, à l'exception des zoos ou domestiqué. Il ne peut contribuer à l'élaboration d'un milieu idéal, à la pensée fonctionnaliste de l'urbanisme du XXe siècle. Sa présence n'est pas évoquée dans les grands modèles urbains. Pourtant, on ne peut penser une ville où toute présence animale

---

2. D'ailleurs, les liens entre le jardin, lieu clos orné de fleurs et d'arbres, et le paradis, source de la vie, sont issus des traditions millénaires grecque, romaine et orientale.

est éradiquée. Surtout, comment réunir ville et nature, ce que voudraient nombre de théoriciens de l'urbanisme, sans comprendre l'animal, alors que la nature, pour beaucoup, renvoie à l'idée d'une indissociabilité végétal/animal ?

Le végétal représente un matériau de construction, pour une société saine. Il contribue à la salubrité de l'espace urbain, favorise la détente des citadins, ajoute à leur agrément. Le végétal, sous différentes formes – y compris l'espace vert, avatar des années 1970 – est un élément de l'esthétique urbaine, du spectacle de la ville. Au point que seules les politiques d'urbanisme végétal produisent ce qu'on désigne comme paysages urbains.

Les termes employés pour désigner « l'espace vert » montrent son rôle limité : « En perdant son nom, le jardin urbain se trouve dépouillé de toute positivité autre qu'hygiénique. Plus de géographie : l'espace vert n'est pas un lieu, mais une portion de territoire indifférencié dont les limites se décident sur l'univers abstrait du plan. Plus d'histoire : l'espace vert n'est qu'un green aménagé selon les seules règles de la commodité : l'art s'en trouve congédié ou réduit à "l'emballage" » (D. et J.-P. Le Dantec, 1987).

De plus, les pratiques d'urbanisme, le tracé de plans, le « zoning », la séparation des fonctions dessinent la ville dans l'espace. Ce sont des outils pour produire une ville « spatialisée ». Or le végétal peut avoir une étendue, une forme dans l'espace. L'animal, non.

L'animal participe de l'habiter plus que de l'habitat. Il joue un rôle dans la relation qui s'opère entre l'habitant et l'espace urbain. Henri Lefebvre définit ainsi le terme « habitat » : une somme de contraintes, une rationalité à l'état pur qui s'impose de manière autoritaire, une logique sans habitants, qui résulte de projets d'urbanisme[3]. Le

---

3. Voir *Le Droit à la ville* suivi de *Espace et politique, op. cit.*, p. 25. Le terme habiter se définit par la relation qui s'opère entre l'habitant et l'espace urbain, l'urbanité. Ces deux logiques, d'habitat et d'habiter, se transcrivent dans l'espace matériel : grands ensembles d'une part, pavillons de l'autre. « Le grand ensemble réalise le concept de l'habitat

végétal participe de ce qui définit l'habitat. Il est un élément statique, constituant d'un espace où se pratiquent des activités urbaines. On plante des arbres, invente des jardins pour améliorer l'espace urbain. En tant qu'être vivant animé, l'animal comble le désir de relations du citadin. À ce titre, il peut modifier la qualité sociale de la vie en ville. Il joue un rôle dans les discours au sujet de la relation privé/public. Il permet au citadin de pratiquer l'espace public, en y intervenant.

En ville, s'opère donc une coupure entre nature vivante animée et inanimée. Si la nature vivante immobile, l'arbre, par exemple, est présente dans la ville, la nature animée est très mal identifiée.

Il y a, aujourd'hui, un lent renouveau des représentations de l'animal en ville. On accorde un statut, un rôle à de nouvelles espèces animales dans les parcs et jardins afin d'assurer la « biodiversité », la diversité spécifique jugée un indicateur de l'équilibre du milieu, de l'écosystème urbain. Certains praticiens envisagent l'introduction de l'animal, de façon liée à une nouvelle gestion des espaces verts et des jardins. Ces aménagements sont destinés à améliorer la qualité de vie en ville [4]. Ainsi, on abonde le territoire propre

---

en excluant l'habiter : la plasticité de l'espace, le modelage de cet espace, l'appropriation par les groupes et individus de leurs conditions d'existence. C'est aussi la quotidienneté complète (fonctions, prescriptions, emploi du temps rigide) qui s'inscrit et se signifie dans cet habitat. Ce n'est que dans la deuxième moitié du XIXe siècle que des hommes influents, idéologues ou politiciens, découvrent une notion nouvelle : l'habitat. Jusqu'alors, « habiter », c'était participer à une vie sociale, à une communauté, village ou ville. La vie urbaine détenait, entre autres, cette qualité, cet attribut. Elle donnait à habiter, elle permettait aux citadins-citoyens d'habiter. »

4. Au contraire, ces aménagements montrent encore plus que la ville se construit notamment dans l'opposition à la nature, dans sa mise en œuvre technique. Comme le dit G. Hottois : « La ville est œuvre de l'homme. Cela signifie qu'elle est un monde d'objets fabriqués selon des procédures, déterminés par la matérialité et régis par des intentionnalités précises. La mise en œuvre de la ville est aussi contrainte de ces intentionnalités : la ville est le rassemblement de volontés en un point précis, volontés qui prennent pour s'effectuer la modalité technicienne.

à la nature dans la ville ; on renouvelle un pôle de la relation du citadin au temps, en dehors de celui des activités humaines ; et au corps. Confirmant dans son rôle le jardin comme endroit où il est possible de « se laisser aller ». Mais ces aménagements ne prennent pas en compte les représentations communes de l'animal. Notamment, sur le plan symbolique. Ils ne favorisent pas plus qu'hier une appropriation du monde vécu [5]. La distinction entre discours public et commun se renforce.

Ce renouveau s'inscrit dans le contexte d'un changement profond et visible à partir des années 1970 des sensibilités à l'égard du cadre de vie [6]. La création du ministère de la Protection de la nature et de l'Environnement en 1971 en est un témoignage. Selon les pays, inégalement, l'écologie tant scientifique que politique remet au centre de la problématique urbaine la question des rapports société/ nature. Au point que la crise de la ville, de sa gestion, de ses représentations, est perçue comme liée au développement des problèmes d'environnement.

Cela signifie aussi que la ville est une opération de négation de la nature, du donné physique comme un forçage. C'est le rassemblement de ces forçages, de ce que Heidegger appelle aussi l'arraisonnement de la nature, qui donne consistance à l'être physique de la ville. »

5. Aller plus loin serait encourager l'aménagement de l'espace afin de faciliter l'appropriation des lieux et non l'entraver. Pour cela, il faut saisir les relations individus, groupes, milieux et permettre leur mouvement. C'est alors, comme le dit P. Chombart de Lawe qu'on pourra parler « d'espace-action » (*La Fin des villes, mythe ou réalité*, Paris, Calmann-Lévy, 1982). On définira l'appropriation de l'espace comme la possibilité de modeler son milieu. Je dirais même, dans certains cas, que le fait d'y laisser ou d'y répandre des saletés peut être vécu comme un mode d'appropriation. Aussi, les tags. Or ce qui est approprié par certains ne peut être approprié par d'autres. Qui privilégier ? Quels modes d'appropriation ? D'où les conflits.

6. Ainsi que l'écrit Marcel Roncayolo, « entre 1968 et 1970, l'opinion bascule et paraît soudain mobilisée par une inquiétude croissante à l'égard du cadre de vie. Reconnaissance officielle par l'État central, qui crée le ministère de la Protection de la nature et de l'Environnement (1971) » (« À la recherche de politiques urbaines ? », *Histoire de la France urbaine*, G. Duby dir., t. 5, Paris, Seuil, p. 116).

Alors, la question devient de produire un milieu de vie artificiel, et non plus de vivre dans un milieu naturel, aussi transformé soit-il. Il faut prendre en compte les rapports concrets des modes d'habiter urbain et de la matérialité biophysique. Les enjeux de l'aménagement urbain ne sont plus « dans la production et la consommation d'objets interchangeables et mobiles, comme la notion d'industrie le laissait trop simplement entendre. La ville n'est plus le lieu de la production ou même de l'échange physique des biens. Mais le bien à conquérir et à aménager » (Roncayolo, 1983). Ce changement et la multiplication de pratiques locales, qui s'appuient sur le paradigme écologique [7], montrent une lente modification de la pensée commune et même savante, opposant ville et nature.

Jusqu'aujourd'hui, l'analyse des discours communs, mais aussi de textes philosophiques, mettait en évidence un dialogue entre ville et nature, qui faisait du premier terme l'antithèse du second, la pensée de la nature se référant à ce qui n'est pas humain. Sentiment ancien, puisque, déjà, au XVIIIe siècle, Rousseau écrivait [8] : « Plus les nations [...] se rapprochent de la nature, plus la bonté domine dans leur caractère ; ce n'est qu'en se renfermant dans les villes, ce n'est qu'en s'altérant à force de culture qu'elles se dépravent. » D'où peut-être le désir et l'impossibilité d'une synthèse et le fait que la nature est reportée toujours plus loin à l'extérieur de la ville (la « grande nature »). Le milieu urbain se réfère à l'activité humaine ; la nature lui échappe, de ce fait apparaît désirable. L'extension de l'urbanisation,

---

7. De plus en plus, la ville est représentée comme un milieu, dépendant de la nature. Un emboîtement de milieux allant du local au global. De nouveaux modes d'intervention sont définis ; ils commandent l'emploi de termes, équilibre, globalité, diversité, etc. L'écologie urbaine ou les politiques d'environnement urbain font appel à la notion de citoyenneté, avec la remise en cause des modes de planification de l'urbanisme moderne. L'enjeu majeur de ces politiques est la santé, le bien-être et la qualité de vie.

8. Jean-Jacques Rousseau, *Émile, Œuvres complètes*, Paris, t. IV, Gallimard, Bibliothèque de la Pléiade, 1980, p. 853.

la maîtrise croissante du milieu, renforcent ce mouvement qui fait de la nature une rareté. D'où l'idée de constituer des sanctuaires de nature. Dès lors, ce désir de nature, de campagne apparaît contradictoire avec l'attraction de la ville et rend paradoxale la croissance urbaine qui fait de la ville le mode d'habiter qui regroupe le plus grand nombre d'êtres humains.

On s'achemine désormais vers l'idée qu'il ne suffit pas d'améliorer la qualité de vie. Il faut veiller au bon fonctionnement de l'écosystème urbain. Le mode d'habiter urbain ne doit pas générer des nuisances, tant pour ses habitants que pour l'environnement. Il faut ménager la biosphère. Désormais, l'écologie s'occupe de la ville, des établissements humains, et de la nature ou biosphère entérinant l'équivalence entre l'humain et l'urbain[9].

Ce nouveau rôle de la nature dans la ville ne représente pas seulement une amélioration concrète des conditions de vie, mais aussi symbolique. Elle fait oublier les agressions que le milieu urbain fait subir au citadin, en tant qu'être vivant, à sa santé. Cet effacement ne se traduit pas toujours dans les faits. Les incertitudes au sujet du rôle de « poumon vert » attribué au végétal urbain le disent, et depuis le XIXe siècle. Les connaissances réelles manquent dans le domaine des sciences biologiques, et dans celui des sciences humaines. Même si certains des effets biophysiques sont connus, les masses végétales considérées sont insuffisantes au regard des nuisances et pollutions urbaines. Par contre, pour les citadins, les parcs et les jardins jouent un rôle non négligeable dans la qualité de vie en ville, et les préservent des agressions urbaines. On voit que l'idée de « pollution[10] », loin de se référer uniquement à un

---

9. Voir André Micoud, « L'écologie urbaine : nouvelles scènes d'énonciation », *Écologie et politique*, n° 17, été 1996, p. 31-45.

10. Le terme de « pollution » renvoie à l'idée d'une souillure en « relation avec la crainte d'une action destructrice sur la planète et aussi d'inconvénients quotidiens compromettant la qualité de vie » (*Dictionnaire historique Robert*).

constat physique, met en jeu des valeurs qui contribuent à une pensée de la ville. La pollution dans l'espace urbain correspond à ce qui n'a pas été pris en compte dans le développement des techniques et des sociétés modernes, urbaines, au regard de l'ordre naturel. Réintroduire la nature dans la ville, c'est remédier, en partie, à cet état de fait.

De même, en allant plus loin, on constate que des groupes de citoyens pensent que l'animal est une victime de la ville. Pour y remédier, ils veulent améliorer ses conditions de vie. Ce n'est pas, uniquement, pour résoudre les conflits entre usagers, citadins, mais aussi pour contribuer au bien-être de l'animal et du citadin. Serait-ce une attitude née de la compassion à l'égard du vivant ?

Car, on peut ériger en parallèle la montée des préoccupations vis-à-vis de la souffrance et l'expression de la compassion [11]. Certains mouvements écologistes prônent ce sentiment, sans le nommer quand ils font de la terre, un être vivant ; sa destruction doit nous toucher. Ces préoccupations vont de pair, avec celles, grandissantes, à l'égard de la santé humaine, de l'état du corps. Ces inquiétudes naissent avec l'amélioration des conditions de vie, en particulier dans les pays occidentaux, avec l'instauration des droits de l'homme, le développement des problèmes d'environnement, la « mal bouffe », qui y portent atteinte et contribuent à la sacralisation du vivant, de la vie.

On voit que les problèmes d'environnement urbain ne peuvent être résolus en mettant en œuvre simplement des techniques de lutte. Or les sociétés occidentales ont tendance à réduire la constitution du monde objectif à une

---

11. On constate l'importance croissante accordée au vivant, à la vie. Seraient-ce les prémices d'un changement de comportement à l'égard de l'environnement, ou de la nature ? Mary Douglas prend pour exemple d'un rapport à l'environnement qui impliquerait un renoncement (aux voitures, …) celui de l'ascétisme hindou qui a modifié de manière importante les modes de vie (« À quelles conditions un ascétisme environnementaliste peut-il réussir ? », *La Nature en politique ou l'enjeu philosophique de l'écologie*, Paris, L'Harmattan, 1993, p. 96-118).

fabrication : sa naturalité tend à s'effacer au profit d'un monde artificiel. D'un côté, parce que l'homme fabrique une part croissante de son milieu, et d'un autre côté, parce que les objets naturels sont de plus en plus perçus dans une optique uniquement instrumentale et technique. Cela revient à négliger la relation de sens qui sous-tend le vécu des habitants dans leur milieu. De la sorte, le monde vécu et ce qu'il comprend comme connaissance [12] est éludé au profit de l'univers physique de la science et de la technique. Si on sait peu de chose au sujet de l'évolution des rapports au monde matériel, c'est aussi que le savoir scientifique est devenu dominant dans nos sociétés. Quel statut donner à la connaissance commune, mise en œuvre dans les pratiques quotidiennes ? Comment, sans la dévaloriser, la qualifier de non-savoir, lui donner un rôle dans la vie de la cité ?

Tandis que se modifient les représentations de la nature et de l'animal, on risque de ne plus comprendre ce qui se joue dans l'univers de la cité : comment la ville, d'un cadre de vie, d'un décor où venaient s'installer des gens d'origine rurale, est devenue une aventure. Après avoir été associée à l'artifice, elle devient synonyme de jungle urbaine. Une surnature urbaine [13]...

---

12. Quand je dis connaissance, je me réfère à des connaissances, nées de la pratique des lieux, de leur vécu, sur le plan des sensations notamment.

13. Françoise Choay analyse l'idée de nature comme une réponse à un état de la ville moderne : « Au niveau de l'inconscient collectif, on observe une sorte de refoulement de la frustration imposée par la réduction sémantique de l'espace urbain. En gestation dès l'époque de Rousseau, un "imaginaire urbain" se développe, qui fait de la ville un élément mythique dont le rôle est analogue à celui que jouait antérieurement le milieu naturel. » « À l'origine, l'agglomération construite, hameau, village, puis petite ville, est l'élément rassurant où l'homme se trouve et se pose en s'opposant à la nature. Lorsque vient le temps de la ville industrielle et de la conurbation, c'est le tissu urbain lui-même qui apparaît à la conscience collective comme une autre nature, menaçant l'existence des hommes. » (« Sémiologie et urbanisme », *Penser la ville*, Choix de textes philosophiques, AAM éditions, 1989, p. 330-336).

Cela implique de réfléchir à la relation homme/ milieu, sur le plan théorique. La question centrale est celle de la transformation des milieux [14]. À la différence du début du siècle, ces bouleversements ne visent pas explicitement un bien-être social. Il règne aujourd'hui un certain « cynisme [15] » né des désillusions relatives aux échecs des grandes utopies modernes.

Cependant, on ne peut comprendre ces transformations en se référant uniquement à ce qu'en disent les individus ou les institutions, le développement des techniques s'autogénérant, ce qui fait évoluer le rapport au monde matériel.

On constate que se développent de nouvelles possibilités d'observation scientifique et technique de l'évolution et de la complexité des milieux ; on assiste, parallèlement, à leur transformation de plus en plus rapide, avec en corollaire, l'extension de l'urbanisation. Cette transformation procède par bouleversements ou résulte d'une lente évolution.

Du côté de l'observation, l'écologie et d'autres disciplines scientifiques montrent qu'il n'y a pas une nature, mais des natures, ou plus exactement des milieux urbains.

---

14. Le milieu est défini par l'ensemble des connaissances qui concernent la relation d'un individu ou d'un groupe à la terre. Relation qui se constitue, dans un mouvement constant, dans une connaissance de l'espace physique, dans sa structuration. Avec André Pichot, on dira que l'être vivant qui « connaît » son milieu extérieur (et se « connaît » face à celui-ci) connaît donc par là même cette réalité physique (quoiqu'il ne la constitue pas comme il constitue son milieu et lui-même ») (*Petite phénoménologie de la connaissance*, Paris, Aubier, coll. Philosophie, 1991, p. 35). La définition du milieu peut combiner des niveaux d'analyse, des logiques de transformation : logique spatiale, logique d'humanisation (Pinchemel G. et P., *La Face de la terre*, Paris, A. Colin, 1988). Cependant, toute tentative pour objectiver le milieu, par des lois « spatiales » ou « naturalistes » et de le décrire séparément des représentations et pratiques qui en font foi est difficile : il y a constante actualisation de ce rapport au milieu. En conséquence, le milieu est connaissance, processus, et non forme.

15. Voir Peter Sloterdjik, *Critique de la raison cynique*, Paris, Christian Bourgois, 1983.

Du côté de la transformation des milieux, les urbanistes ou les ingénieurs qui contribuent à la production de la ville négligent les composantes biophysiques des espaces urbains [16].

De façon générale, la ville est représentée comme un « technocosme ». L'écologie scientifique met en évidence les interactions nature/société tandis que beaucoup de citadins, et même des scientifiques, se représentent les milieux artificiels comme soustraits aux aléas naturels. Il est vrai que les progrès techniques rendent possible la création de milieux de plus en plus complexes, mais on ne peut éluder leur dimension biophysique.

Les bouleversements tant sociaux que matériels liés à la transformation des milieux interviennent dans un contexte de volonté de maîtrise, et d'inquiétude relative aux conséquences des découvertes non maîtrisées : découvertes relatives aux techniques de manipulation du vivant et aux techniques de création de milieux de vie.

Le mouvement contribuant à l'accélération de la transformation des milieux fait intervenir aussi des facteurs non économiques. Son indépendance à l'égard du facteur marchand est liée – on propose l'hypothèse – aux modes d'appropriation des milieux. Jusqu'ici, on s'intéresse surtout à l'exploitation des milieux tant en termes fonctionnels qu'en termes de rendement et on en méconnaît les aspects imaginés et symboliques : *La Supplication*, ouvrage de S. Alexievitch [17] au sujet des habitants de Tchernobyl souligne

---

16. Y compris des intellectuels, tel Paul Virilio qui explique qu'« aujourd'hui, l'abolition des distances de temps par les divers moyens de communication » aboutit « à la déchéance de l'ancienne partition des dimensions physiques » (*L'Espace critique*, Paris, Christian Bourgois, 1984).

17. *La Supplication, Tchernobyl, chroniques du monde après l'apocalypse*, Paris, J.-C. Lattès, 1998. Ce livre composé d'entretiens avec des habitants met en évidence l'importance des rapports au milieu pour comprendre ce qui se joue dans une telle catastrophe ; le rôle du savoir, et du sensible, dans sa gestion. En effet, même si les habitants savaient que la zone était dangereuse, ne voyant rien changer (fleurs, animaux...), ils ne pouvaient pas croire à la catastrophe. Certains continuent même d'habiter le périmètre irradié.

l'importance de ces rapports dans le bien-être écologique. Ces modes d'appropriation font partie des dynamiques locales [18].

Bien évidemment, pour comprendre ces évolutions, on ne peut se limiter à l'observation d'un milieu ; il faut ajouter celle d'autres milieux, à la même échelle, pour les comparer ; à d'autres échelles, afin de définir leurs relations [19]. On constate que décrire des milieux revient souvent à réaliser des monographies. Il serait difficile de tirer de ceux-ci des enseignements d'ordre général. Or il faudrait discuter la relation, évidente aujourd'hui, entre les notions de particulier et de concret. Deux hypothèses : à cette échelle d'observation, identique à celle d'une situation de la vie quotidienne, la complexité des faits paraît plus grande ; d'où les difficultés d'abstraction. Aussi, comment imaginer que des processus observés à un endroit, relatifs à une situation complexe, puissent se reproduire à d'autres ?

---

18. Il faut décrire à différentes échelles les milieux locaux ; échelles d'étude relatives au processus à appréhender et à l'observateur. Cela va du microscopique au macroscopique. Il faut explorer ce qui est en jeu, à l'échelle de ce milieu, pour comprendre sa transformation matérielle et sociale. En conséquence, on postule qu'il y a une relation entre les notions de matérialité et de localité : pour reprendre les explications de Jean-François Staszak, la nature de la physique est universelle, la nature de la géographie, dans la mesure où elle relève d'une combinaison entre maintenant et ici, est forcément contingente et particulière (*La Géographie d'avant la géographie, le climat chez Aristote et Hippocrate*, Paris, L'Harmattan, 1995).

19. Ce qui est proposé vise à renouveler une tradition de la géographie. En effet, comme le dit Marie-Claire Robic, des « formes principales se sont partagées les recherches géographiques françaises durant la première moitié du XXe siècle dans une orientation épistémologique commune [...] dont le dénominateur est la perspective idiographique : la compréhension d'individualités territoriales originales au détriment de la recherche systématique de lois de répartition ou de composition. S'y rencontrent trois notions distinctes, celles de relations homme/nature, de structures locales, de physionomie terrestre. Elles reposent sur un même pari, celui de la complexité » (« Milieu, région et paysage géographiques : la synthèse écologique en miettes ? », *Du milieu à l'environnement. Pratiques et représentations du rapport homme-nature depuis la Renaissance*, Paris, Économica, 1992, p. 167).

Et il faut envisager comme un fait général, le processus visant à la transformation des milieux et considérer les formes des milieux tant sociales que matérielles comme résultant de dynamiques coproduites localement. Rendre compte des rapports symboliques, imaginés homme/milieu sans éluder leur dimension concrète pourrait favoriser la transformation du rapport à la ressource, naturelle ou non, et des changements sociaux.

Si on interprète ce processus de transformation des milieux, général aujourd'hui, on le dirait lié à l'idée occidentale d'un milieu utopique, à l'idée de paradis, tel qu'on le voit développé dans de nombreux films et livres (*cf. Diaspar* d'Arthur Clarke). Il s'agit de créer des milieux techniques, artificiels et contrôlés : pourtant, sur le plan matériel, ils restent en partie naturels et incontrôlés. Cette évolution concerne aussi l'être humain en tant que milieu. Nombreuses sont les tentatives de domestication de la nature humaine (sélection génétique, contrôle du vieillissement, clonage).

En ce qui concerne l'animal, la zootechnie comme ensemble de techniques de manipulation du vivant joue un rôle important. Digard explique que son évolution va de pair avec celle du contexte social et culturel : « Les deux tendances, à la maximalisation et à la miniaturisation des animaux, sont des effets opposés d'une même cause, d'une même motivation humaine, plus ou moins inconsciente, commune à la plupart des actions domesticatoires. Elle traduit moins l'appât du gain que la soif de pouvoir, moins des impératifs de productivité que le désir forcené de dominer la nature, d'agir sur elle, de la modifier de façon visible, ostentatoire, moins l'abondance et de biens et d'avantages matériels que le spectacle sécurisant d'une nature hyperdomestiquée, entièrement soumise au bon plaisir des hommes. » (1998, p. 123.) Sans partager toutes ces thèses, on constate l'importance symbolique des animaux créés par l'homme en vue de les adapter à son mode d'habiter.

Ces animaux, hybrides, métisses, monstres, sont des éléments bons à penser l'organisation du milieu urbain.

En définitive, il y aurait séparation entre, d'une part, une pensée de la nature et du monde matériel qui montre la difficulté sinon l'impossibilité de la maîtrise ; d'autre part, des utopies techniques participant de l'idée d'un monde meilleur, maîtrisé et artificiel.

RÉFÉRENCES BIBLIOGRAPHIQUES

Maurice AGULHON, « Le sang des bêtes : le problème de la protection des animaux en France au XIXᵉ siècle », *Romantisme. Revue de la société des études romantiques*, n° 31, p. 81-109.

Pierre ANSAY, René SCHOONBRODT, *Penser la ville, choix de textes philosophiques*, Bruxelles, AAM éditions, 1989.

Marc AUGÉ, *Le Sens des autres, actualité de l'anthropologie*, Paris, Fayard, 1994.

Antoine BAILLY, « Distances et espaces : 20 ans de géographie des représentations », *L'espace géographique*, n° 3, 1985, p. 197-205.

Éric BARATAY, Jean-Luc MAYAUD (dir.), « L'animal domestique. XVIᵉ-XXᵉ siècle », *Cahiers d'histoire*, t. XLII, n° 3-4, Lyon, 1997.

Roland BARTHES, *Système de la mode*, Paris, Seuil, coll. Points, 1967.

Jean BAUDRILLARD, *Système des objets*, Paris, Gallimard, Tel, 1968.

Yvonne BERNARD, *La France au logis ; étude sociologique des pratiques domestiques*, Paris, Mardaga, coll. Architectures + recherches PCA, 1992.

Augustin BERQUE, *Être humains sur la terre, Le débat*, Paris, Gallimard, 1996.

Dominique BOURG (dir.), *La Nature en politique ou l'enjeu philosophique de l'écologie*, Association Descartes, Paris, L'Harmattan, 1993.

G.-H. Bousquet, « Des animaux et de leur traitement selon le judaïsme, le christianisme et l'islam », *Studia Islamica*, vol. IX, 1958, p. 31-48.

Florence Burgat, *Animal, mon prochain*, Paris, Odile Jacob, 1997.

Jean Castex, Jean-Louis Cohen, Jean-Charles Depaule, *Histoire urbaine, anthropologie de l'espace*, Paris, Cahiers du Pir Villes, CNRS, 1995.

Champfleury, *Les Chats*, Neuchâtel, Ides et calendes, 1869.

Françoise Choay, *L'Urbanisme, utopies et réalités, une anthologie*, Paris, Seuil, 1965.

Françoise Choay, *La Règle et le modèle, sur la théorie de l'architecture et de l'urbanisme*, Paris, Seuil, 1980.

Françoise Choay, « La nature urbanisée, l'invention des espaces verts verdoyants », *La Ville*, Paris, Centre Georges Pompidou, 1994, p. 61-62.

Paul-Henri Chombart de Lawe, *La Fin des villes, mythe ou réalité ?*, Paris, Calmann-Lévy, 1982.

Alain Corbin, *Le Miasme et la jonquille*, Paris, Flammarion, Champs, 1986.

Paul Claval, *La Logique des villes, essai d'urbanologie*, Paris, Litec, coll. géog. éco. et soc., XV, 1981.

Philippe Clergeau, Delphine Esterlingot, Jacques Chaperon, Christophe Lerat, « Difficultés de cohabitation entre l'homme et l'animal : le cas de concentration d'oiseaux en site urbain », *Natures, sciences, sociétés*, n° 2, vol. 4, 1996, p. 102-116.

Boris Cyrulnik (dir.), *Si les lions pouvaient parler*, Paris, Quarto Gallimard, 1998.

Denise et Jean-Pierre Le Dantec, *Le Roman des jardins de France*, Paris, Terre de France, Plon, 1987.

Éric Dardel, *L'Homme et la terre, nature de la réalité géographique*, Paris, PUF, 1952.

Michel de Certeau, Luce Girard, Pierre Mayol, *L'Invention du quotidien : habiter, cuisiner*, Paris, Folio Essais, 1994.

Yves Delaporte, « Les chats du Père-Lachaise : contribution à l'ethnozoologie urbaine », *Homme/animal et société : III. Histoire et animal*, Toulouse, Presses de l'institut d'études politiques, 1988, p. 355-373.

Robert Delort, *Les Animaux ont une histoire*, Paris, Seuil, 1984.

Jocelyn de Noblet, « La perception déqualifiée », *Culture technique*, n° 3, spécial « machines au foyer », Centre de recherche sur la culture technique, 1980, p. 135-157.

Jean-Pierre Digard, *L'Homme et les animaux domestiques*, Paris, Fayard, Le temps des sciences, 1990.

Jean-Pierre Digard, *Les Français et leurs animaux*, Paris, Fayard, 1999.

Mary Douglas, *De la souillure, études sur la notion de pollution et de tabou*, Paris, La Découverte, textes à l'appui, 1992.

Mary Douglas, « À quelles conditions un ascétisme environnementaliste peut-il réussir ? », *La Nature en politique ou l'enjeu philosophique de l'écologie*, Paris, L'Harmattan, 1993, p. 96-118.

Jean Duvigneaud, *La Synthèse écologique. Populations, communautés, écosystèmes, biosphère, noosphère*, Paris, Doin, 1974.

Georges Fleury, *La Belle Histoire de la SPA*, Paris, Grasset, 1995.

Élisabeth de Fontenay, *Le Silence des bêtes. La philosophie à l'épreuve de l'animalité*, Paris, Fayard, 1998.

Claudine Friedberg, « Représentation, classification : comment l'homme pense ses rapports au milieu naturel », *Sciences de la nature, sciences de la société – Les passeurs de frontières*, Paris, CNRS, 1992, p. 357-373.

Georges Friedmann (dir.), *Villes et campagnes, civilisation urbaine et civilisation rurale en France*, Paris, A. Colin, 1953.

Christian Garnier et Philippe Mirenowicz (dir.), « Écologie urbaine : nouveaux savoirs sur la ville », *Métropolis*, n° 64-65, 1984.

Jean-Pierre Gaudin (dir.), « Art urbain et urbanisme », *Desseins de ville*, Paris, L'Harmattan, 1991.

Olivier Godard, « Jeux de natures : quand le débat sur l'efficacité des politiques publiques contient la question de leur légitimité », *Du rural à l'environnement : la question de la nature aujourd'hui*, Paris, Arf, L'Harmattan, 1989, p. 303-348.

Claudie Gontier (Cerfise), *L'arbre d'ornement, marqueur symbolique et social des espaces publics urbains – Le cas des politiques d'urbanisation de la zone Fos Étang de Berre*, Plan urbain – SRETIE, 1993.

Maurice Godelier, *L'idéel et le matériel*, Paris, Fayard, « Pensées, économies, sociétés », 1984.

Madeleine Grawitz, *Méthodes des sciences sociales*, Paris, Précis Dalloz, 8e éd., 1990.

Georges Guille-Escuret, *Les Sociétés et leurs natures*, Paris, A. Colin, coll. Anthropologie au présent, 1989.

André Guillerme, *Le Temps de l'eau, la cité, l'eau et les techniques*, Seyssel, Champvallon, coll. Milieux, 1990.

André GUILLERME, « De l'humide au sec ou à la fin des saisons », *Les annales de la recherche urbaine*, n° 53, 1991, p. 40-45.

Agnès GUY (dir.), *Mon chien, c'est quelqu'un*, Panoramiques-Corlet, 1997.

François HÉRAN, « Chats contre chiens. Éléments statistiques pour une histoire sociale des intellectuels », *Homme/animal et société : III. Histoire et animal*, Toulouse, Presses de l'institut d'études politiques, 1989, vol. 1, p. 373-383.

François HÉRAN, « Comme chiens et chats », *Mon chien, c'est quelqu'un*, Paris, Panoramiques, Arléa-Corlet, 1997.

Denise JODELET, *Les Représentations sociales*, Paris, PUF, coll. Sociologie d'aujourd'hui, 1991.

Marcel JOLLIVET (dir.), *Sciences de la nature, sciences de la société – Les passeurs de frontières*, Paris, CNRS, 1992.

Marcel JOLLIVET, Alain PAVE, « L'environnement un champ de recherche en formation », *Natures, sciences, sociétés*, n° 1, vol. 1, 1993, p. 6-21.

Isaac JOSEPH, *La Ville sans qualités*, Paris, éditions de L'Aube, 1998.

Catherine LARRÈRE, *Les Philosophies de l'environnement*, Paris, PUF, 1997.

Catherine et Raphaël LARRÈRE, *Du bon usage de la nature. Pour une philosophie de l'environnement*, Paris, ALTO, Aubier, 1997.

LAVOISIER, *Œuvres complètes*, Paris, 1854-1868, 6 vol.

Henri LEFEBVRE, *Le Droit à la ville*, suivi de *Espace et politique*, Paris, Anthropos, 1968-1972.

Henri LEFEBVRE, « Introduction à l'étude de l'habitat pavillonnaire », texte de 1966, Nicole HAUMONT, M.-G. RAYMOND, Henri RAYMOND, *L'Habitat pavillonnaire*, Paris, CRU, 1967.

Jean-Michel LEGER, *Derniers domiciles connus, enquête sur les nouveaux logements 1970-1990*, Paris, éditions Creaphis, 1990.

Robert LENOBLE, *Histoire de l'idée de nature*, Paris, Albin Michel, coll. Évolution de l'humanité, 1969.

Claude LÉVI-STRAUSS, *La Pensée sauvage*, Paris, Plon, coll. Agora, 1962.

Bernadette LIZET, *Le Cheval dans la vie quotidienne. Techniques et représentations du cheval de travail dans l'Europe industrielle*, Paris, Berger-Levrault, 1982.

« Les animaux : domestication et représentations », n° spécial, *L'Homme*, n° 108 (vol. XXVIII, n° 4), oct.-déc. 1988.

Yves Luginbuhl, « Nature, paysage, environnement, obscurs objets du désir de totalité », *Du milieu à l'environnement*, Paris, Économica, 1992, p. 12-56.

Nicole Mathieu, Marcel Jollivet, *Du rural à l'environnement : la question de la nature aujourd'hui*, Paris, Arf, L'Harmattan, 1989.

Maurice Merleau-Ponty, *La Nature, notes, cours du Collège de France*, établi et annoté par Dominique Séglard, Paris, Seuil, coll. Traces écrites, 1995.

André Micoud, « L'écologie urbaine : nouvelles scènes d'énonciation », *Écologie et politique*, n° 17, été 1996, p. 31-45.

André Micoud, « Vers un nouvel animal sauvage : le sauvage "naturalisé vivant" ? », *Natures, Sciences, Sociétés*, vol. 1, n° 3, 1993, p. 202-210.

Philippe Panerai, Jean Castex, Jean-Charles Depaule, *Formes urbaines : de l'îlot à la barre*, Paris, Dunod, coll. Aspects de l'urbanisme, 1980.

Pierre Peillon, *Genèse et crise des grands ensembles*, CREPAH, Paris, 1993.

Jean-Claude Perrot, « Rapports sociaux et villes au XVIIIe siècle », *Villes et civilisations urbaines, XVIIIe-XXe siècle*, Paris, Larousse, Textes essentiels, 1992, p. 46-61.

Colette Pétonnet, « Le cercle de l'immondice, postface anthropologique », *Les annales de la recherche urbaine*, n° 53, déc. 1991, p. 108-109.

Colette Pétonnet, « L'observation flottante. L'exemple d'un cimetière parisien », *L'Homme*, oct.-déc. 1982 (vol. XXII, n° 4), p. 37-47.

André Pichot, *Petite phénoménologie de la connaissance*, Paris, Aubier, coll. Philosophie, 1991.

Philippe et Geneviève Pinchemel, *La Face de la terre*, Paris, A. Colin, 1988.

Dominique Pontier, Gilles Yoccoz, « Vertébrés des villes, vertébrés des champs : intérêt d'une écologie des populations urbaines », *Actes du colloque national d'écologie urbaine*, Mions (Rhône), 27-28 sept. 1991, Lyon, Université Claude Bernard Lyon, IABSE, 1992, p. 132-144.

Élisabeth Ratiu, *Le Besoin d'espace dans l'habitat*, Paris, IRAP, 1993.

Alain Rey (dir.), *Robert, Dictionnaire historique de la langue française*, Paris, 1993.

Colette RIVAULT, A. LE GUYADER, Ann CLOAREC « Transport de bactéries par les blattes en milieu urbain », *Bull. soc. zool. fr.*, 116†, 1991, p. 235-241.

Marie-Claire ROBIC, « Milieu, région et paysage géographiques : la synthèse écologique en miettes ? », *Du milieu à l'environnement*, Paris, Économica, 1992, p. 168-199.

Marcel RONCAYOLO, *La Ville et ses territoires*, Paris, Folio Essais, 1990.

Marcel RONCAYOLO, Thierry PAQUOT (dir.), *Villes et civilisations urbaines, XVIIIᵉ-XXᵉ siècle*, Paris, Larousse, Textes essentiels, 1992.

Guillaume SAINTENY, *L'Introuvable écologisme français*, Paris, PUF, 2000.

Max SORRE, *Les Fondements de la géographie humaine*, t. 3 : *L'Habitat et conclusion générale*, Paris, A. Colin, 1952.

Jean-François STASZAK, *La Géographie d'avant la géographie, le climat chez Aristote et Hippocrate*, Paris, L'Harmattan, 1995.

Caroline STEFULESCO, *L'Urbanisme végétal*, Paris, Institut pour le développement forestier, coll. Mission du paysage, 1993.

Keith THOMAS, *Dans le jardin de la nature*, Paris, Gallimard, « Bibliothèque des histoires », 1985.

Roger VERCORS, *Les Animaux dénaturés*, Paris, Albin Michel, 1952.

Jean VIARD, *Le Tiers Espace, essai sur la nature*, Paris, Librairie des Méridiens, Klincksieck, 1990.

Paul VIRILIO, *L'Espace critique*, Paris, Christian Bourgois, 1984.

Anne VOURC 'H, Valentin PELOSSE, *Chasser en Cévennes : un jeu avec l'animal*, Paris, EDISUD, éd. CNRS, 1988.

Robert WALSER, *L'Institut Benjamenta (Jakob von Gunten)*, La Galerie, Paris, Grasset, 1960.

TABLE

PANORAMA 7

Chapitre premier : DEDANS 17

Chapitre 2 : DEHORS 29

Chapitre 3 : LE PROPRE ET LE SALE 39

Chapitre 4 : LA VILLE ENVAHIE 51

Chapitre 5 : UN ENJEU DE SOCIÉTÉ 57

Chapitre 6 : IL FAUT DES RESPONSABLES ! 67

Chapitre 7 : LA VILLE DOMESTIQUÉE 75

Chapitre 8 : LE VIVANT ANIMÉ 87

Chapitre 9 : VICTIME DE LA VILLE 97

Chapitre 10 : NI DOMESTIQUE NI SAUVAGE 107

Chapitre 11 : CITADINS ET RURAUX 115

Chapitre 12 : LE BESTIAIRE DES CITÉS 123

Chapitre 13 : POUR OU CONTRE, UNE QUESTION D'ESPÈCE 133

Chapitre 14 : L'IMPLICATION CITOYENNE 155

Chapitre 15 : LES POUVOIRS DE LA VILLE 167

Chapitre 16 : CHEZ SOI, DANS LA NATURE 181

Chapitre 17 : LA DOMINATION DU VÉGÉTAL 189

Épilogue : LES CITADINS COMPATISSENT 209

RÉFÉRENCES BIBLIOGRAPHIQUES 225